规划教材 精品教材 畅销教材

高等院校艺术设计专业丛书

环境艺术设计制图 / 第2版

LANDSCAPE DESIGN
◄ DRAWING ►

胡家宁 姜松华 马磊 徐晶 张谦 / 编著

重庆大学出版社

图书在版编目(CIP)数据

环境艺术设计制图/胡家宁等编著.—重庆：重庆大学出版社，2010.8（2020.8重印）

（高等院校艺术设计专业丛书）

ISBN 978-7-5624-5541-7

Ⅰ.①环… Ⅱ.①胡… Ⅲ.①环境设计—建筑制图—高等学校—教材 Ⅳ.①TU204

中国版本图书馆CIP数据核字(2010)第129285号

高等院校艺术设计专业丛书

环境艺术设计制图（第2版） 胡家宁等 编著

HUANJING YISHU SHEJI ZHITU

策划编辑：周 晓

责任编辑：李定群 姚 胜 书籍设计：汪 泳

责任校对：任卓惠 责任印制：赵 晟

重庆大学出版社出版发行

出版人：饶帮华

社 址：重庆市沙坪坝区大学城西路21号

邮 编：401331

电 话：(023) 88617190 88617185（中小学）

传 真：(023) 88617186 88617166

网 址：http://www.cqup.com.cn

邮 箱：fxk@cqup.com.cn（营销中心）

全国新华书店经销

重庆长虹印务有限公司印刷

开本：889mm×1194mm 1/16 印张：9 字数：309千

2015年9月第2版 2020年8月第7次印刷

印数：12 501—13 500

ISBN 978-7-5624-5541-7 定价：32.00元

丛书主编 许 亮 陈琏年

丛书主审 李立新 杨为渝

再版说明

"高等院校艺术设计专业丛书"自2002年出版以来，受到全国艺术设计专业师生的广泛关注和好评，已经被全国一百多所高校作为教材使用，在我国设计教育界产生了较大影响。目前已销售50万余册，其中部分教材被评为"国家'十一五'规划教材""全国优秀畅销书""省部级精品课教材"。然而，设计教育在发展，时代在进步，设计学科自身的专业性、前沿性要求教材必须要与时俱进。

鉴于此，为适应我国设计学科建设和设计教育改革的实际需要，本着打造精品教材的主旨进行修订工作，我们在秉承前版特点的基础上，特邀请四川美术学院、苏州大学、云南艺术学院、南京艺术学院、重庆工商大学、华东师范大学、广东工业大学、重庆师范大学等10多所高校的专业骨干教师联合修订。此次主要修订了以下几方面内容：

1. 根据21世纪艺术设计教育的发展走向及就业趋势、课程设置等实际情况，对原教材的一些理论观点和框架进行了修订，新版教材吸收了近几年教学改革的最新成果，使之更具时代性。

2. 对原教材的体例进行了部分调整，涉及的内容和各章节比例是在前期广泛了解不同地区和不同院校教学大纲的基础上有的放矢地确定的，具有很好的普适性。新版教材以各门课程本科教育必须掌握的基本知识、基本技能为写作核心，同时考虑到艺术教育的特点，为教师根据自己的实践经验和理论观点留有讲授空间。

3. 注意了美术向艺术设计的转换，凸显艺术设计的特点。

4. 新版教材选用的图例都是经典的和近几年现代设计的优秀作品，避免了一些教材中图例陈旧的问题。

5. 新版教材配备有电子课件，对教师的教学有很好的辅助作用，同时，电子课件中的一些素材也将对学生开阔眼界，更好地把握设计课程大有裨益。

尽管本套教材在修订中广泛吸纳了众多读者和专业教师的建议，但书中难免还存在疏漏和不足之处，欢迎广大读者批评指正。

高等院校艺术设计专业丛书编委会

2015年9月

前　言

　　建筑物的建造，首要依托于建筑师的设计思路与创作理念，而隐形于此类抽象意识中的设计元素，需借助于制图才能聚合为实在的建筑形象。因而，平面、立面、剖面及透视等多种制图的图示语言，成为表达设计师创意思维与业主沟通的重要媒介。

　　建筑制图古已有之，从古埃及第一张陵墓设计方案图开始，设计师就实现了平面与立面的严格转换，由此奠定了古希腊与罗马精确制图的悠远传统。精准的制图决定了建筑成品的严谨理性，否则，雅典卫城的厄瑞克特翁神庙得以稳固而优美地翘首于复杂地形之上恐成无稽之谈，罗马万神庙那闻名遐迩的大穹隆欲与圆柱状墙体成功嵌接，或许要几经挫折。由此看来，精良的建筑制图不仅如实揭示了设计者的设计意图，而且成了指导建筑施工的重要依据。

　　西方建筑制图的传承与普及性，反衬了中国古代制图的精英化倾向。例如，著名的"样式雷"，其皇家建筑的御用设计图纸可谓声名远播，然而普通民用建筑是无福享用的。另外，后期的烫样以其形象直观的模拟特质深得皇室宠爱，故而形成与文艺复兴之后的西方模型齐头并进之态势，中国建筑制图的历史不似西方那般脉络清晰也就事出有因了。由此，后人建筑制图的绘制方式，多承西方传统绘图经验并加以创新而成。

　　当今，制图是进行环境艺术设计的必备基础知识。环境艺术设计是20世纪末在国内得以迅速发展的一门新兴学科，它不仅涉及建筑学、人体工程学、材料学、力学及社会学等学科，也与绘图艺术、园林绿化、城市建设等领域有着密切的关系。由于该学科形成较晚，制图方法部分沿用建筑制图和园林制图标准，但在传达室内设计意图时有着自身的特点。

就总体而言，传统制图常常给人以机械枯燥、了然无趣的印象。其实，随着近年来设计创新意识的觉醒，制图也融入革新浪潮。各类创新画法和经实践证明行之有效的制图方法，开始取代老旧的制图方法，便是当下制图的显明趋势。本书作为环境艺术设计专业制图的高校教材，也与时俱进地纳入了创新制图的相关内容。由学校教育走向社会运用，创新的制图与设计创意将携手推动环境设计事业稳步前进。

本书由南京金陵科技学院胡家宁任主编，三江学院姜松华任副主编。具体编写分工为：第1章由南京金陵科技学院徐晶编写；第2.3.6章由胡家宁编写；第7章由张谦编写；第4章由姜松华编写；第5章由南京正德职业技术学院马磊编写；谌康涛先生对全书进行了认真详细的审阅，并提出了许多具体而宝贵的修改意见，在此表示衷心的感谢。致敬参考文献和图例的作者，你们的智慧与才学为本书顺利出炉添薪加料。最后，感谢重庆大学出版社的周晓先生，周先生的宽厚和鼓励，是我们能以充沛的时间和精力行文著书的莫大动力，在此深表谢意。

由于我们的水平有限，编撰也缺乏经验，书中难免存在缺点和错误，恳请使用本书的教师和学生以及其他读者批评指正。

编　者

目　录

1　制图基础

教学引导……………………………………………………………… 1

1.1　概　述 ………………………………………………………… 1

1.2　绘图工具及其使用方法 ……………………………………… 4

1.3　基本制图标准 ………………………………………………… 6

本章要点…………………………………………………………… 11

思考题……………………………………………………………… 11

2　投影的基本知识

教学引导…………………………………………………………… 12

2.1　投影的概念 …………………………………………………… 12

2.2　三面正投影图 ………………………………………………… 15

2.3　视图配置和尺寸标注 ………………………………………… 17

2.4　断面图与剖面图 ……………………………………………… 18

本章要点…………………………………………………………… 21

思考题……………………………………………………………… 21

3　轴测图

教学引导…………………………………………………………… 22

3.1　轴测投影图的基本概念 ……………………………………… 22

3.2　轴测投影的画法 ……………………………………………… 25

本章要点…………………………………………………………… 31

思考题……………………………………………………………… 31

4　透视图

教学引导…………………………………………………………… 32

4.1　透视图基本知识 ……………………………………………… 32

4.2　透视参数的选择与透视效果 ………………………………… 37

4.3　平行透视图 …………………………………………………… 40

4.4　成角透视图 …………………………………………………… 43

4.5　一点透视、两点透视效果图实例 …………………………… 48

4.6　透视快捷辅助的画法 ………………………………………… 50

本章要点…………………………………………………………… 53

思考题……………………………………………………………… 54

5 建筑工程制图

教学引导 ·· 55

5.1 建筑工程图的基本知识 ······················ 55

5.2 建筑总平面图 ······························· 58

5.3 建筑平面图 ································· 60

5.4 建筑立面图 ································· 63

5.5 建筑剖面图 ································· 65

5.6 楼梯详图 ··································· 67

5.7 建筑平、立、剖面图的综合识图 ············· 69

本章要点 ·· 73

思考题 ·· 73

6 室内设计工程图

教学引导 ·· 74

6.1 室内设计工程图的基本知识 ················· 74

6.2 平面图 ····································· 75

6.3 顶面图 ····································· 81

6.4 立面图 ····································· 83

6.5 详图 ······································· 86

6.6 系列图纸识读 ······························· 89

本章要点 ·· 96

思考题 ·· 96

7室外环境工程图

教学引导 ·· 97

7.1 地形表示法 ································· 97

7.2 植物的表示法 ······························· 102

7.3 山石的表示法 ······························· 112

7.4 水体的表示法 ······························· 113

7.5 道路的表示法 ······························· 116

7.6 室外环境工程图的绘制 ····················· 121

本章要点 ·· 130

思考题 ·· 130

参考文献 ·· 131

1 制图基础

1.1　概　述

设计理念或设计规划是作为构思存在于设计者的脑海之中,要将这些思想传递给他人并付诸实现,可视化的图示不失为最简捷的表达方法。环境艺术设计专业的从业人员,应掌握两种图示的表达方法,即工程图和立体效果图。

制图是一种工程上专用的图样。它运用图形、图线、尺寸标注、比例以及相关的符号,按图学原理和规范,在二维平面上绘制出三维物体的形状及其尺度,以表达设计意图和制造要求。这类图纸信息极为重要,它们是设计师与委托方以及施工者之间交流技术信息的基本表达手段,是工程实施的蓝图,更是编制工程预算的根据以及工程评估和验收的重要依据,因此,它被称为工程界的语言。(图1-1、图1-2)。

立体效果图则是设计者与非专业人员交流时常用的表现形式。这类图纸将三度空间的形体转换成具有立体感的二度空间画面,使设计师的预想方案较真实地跃然纸上,有助于非专业人员的认可与取用,(图1-3、图1-4)。

环境艺术设计制图课程的主要任务:

(1)学习建筑、室内设计与景观制图的国家标准与规定;

(2)学习投影法的基本理论及其运用;

(3)学习工程图的图示方法、图示内容,培养绘制和阅读工程图的

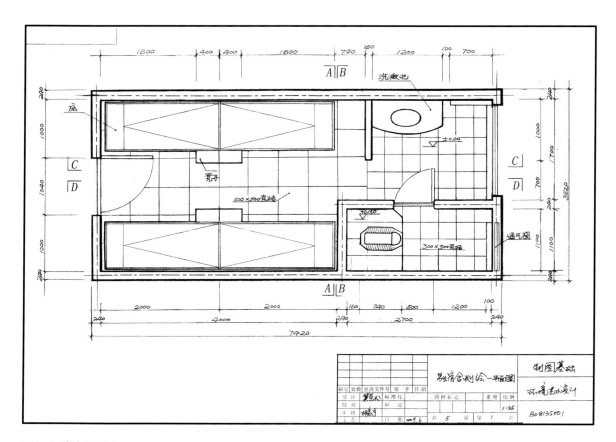

图 1-1　宿舍平面图

图 1-2　宿舍立面图

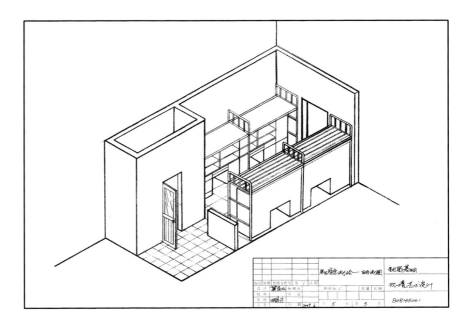

图 1-3　宿舍轴测图

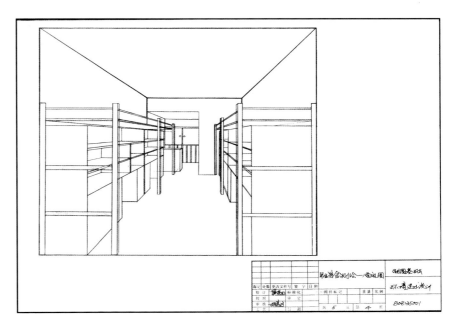

图 1-4　宿舍透视图

能力；

(4)学习立体效果图(轴测图、透视制图)的基本原理和作图方法；

(5)培养空间思维能力,使其具有明确的空间概念。

学习方法：

本课程的特点是比较抽象且系统性较强。不论学习哪一部分的内容,均需要完成一系列的绘图作业,方能领会与掌握其知识要点,为此学习中必须做到：

(1)建立空间概念。从生活中的三维立体形态转化为二维的平面图形,再由平面图形想象出其立体形状,这是初学者入门的第一道难关。因此,认真听讲、及时复习,并借助身边的立体器物、建筑形体,加强图物对照的感性认识;并通过多轮的课程实践,逐步建立起空间概念。

（2）勤于实践。本课程的特点是实践性强,其主要内容必须通过画图、识图地不断训练,方能领会与掌握。因此,多画图、多识图、多思考,切忌似懂非懂地抄图,应将识图与绘图训练结合起来,循序渐进,不断巩固所学知识。

（3）自学能力的培养。必须学会通过自己阅读教材和相关资料,解决习题和实际工程图纸绘制中的问题。

1.2 绘图工具及其使用方法

子曰:"工欲善其事,必先利其器",因此,要学好环境艺术设计制图这门课程,首先要了解绘图工具并掌握其使用方法。

1.2.1 图 板

图板是绘图的操作台面,其作用为固定图纸和作为丁字尺的导边,如图 1-5 所示。图板板面必须平坦、光滑,板边平直,以确保丁字尺所画线条的平直。图板一般有 0 号图板、1 号图板、2 号图板等不同规格,绘图时用胶带将图纸固定在图板适当的位置上。

1.2.2 丁字尺

丁字尺由尺头和尺身两部分组成。画水平线时左手握住尺头,紧靠图板左侧边,右手按住尺身,由上往下滑动,由左向右画线(图 1-6 (a))。画垂直线时应左手按住尺身,右手自左向右滑动三角板,由下往上画线(图1-6 (b))。

1.2.3 三角板

每副三角板包括 45°,30°和 60°角各一块。三角板和丁字尺配合使用,可画 15°,15°倍角的倾斜线(图 1-7)。使用时,将三角板边缘紧靠丁字尺的尺身,左手将其握紧,右手画线。

1.2.4 比例尺

比例尺又称三棱尺,是缩小或放大图形的工具(图 1-8)。比例尺的三个棱面上刻有 6 种刻度,单位为"M",分别表示 1:100,1:200,1:250,1:300、1:400 和 1:500。使用比例尺测量时,可直接按照尺面所刻的数值,读出该线段表示的实际尺寸。如按 1:100 比例画出实际长度为 5 m 的图线,可在比例尺上找到 1:100 的刻度一边,直接量取相应刻度即可。这时,图上画出的线段长度是 50 mm。

1.2.5 圆 规

圆规是用来画圆和弧线的工具,画圆弧时将带针尖插脚轻轻插入圆

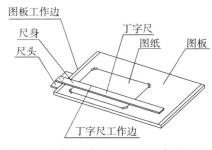

图 1-5 图板、丁字尺及图纸的固定

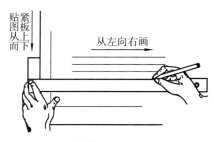

（a）丁字尺水平线的画法

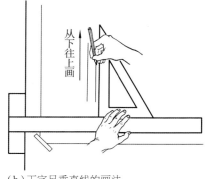

（b）丁字尺垂直线的画法

图 1-6 丁字尺的使用方法

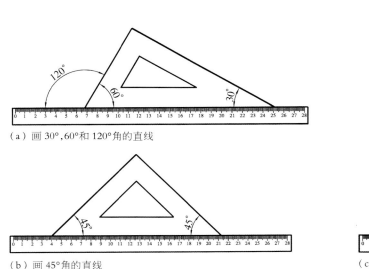

（a）画30°、60°和120°角的直线

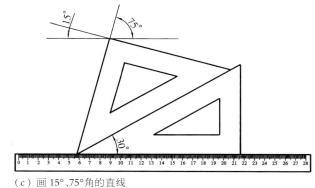

（c）画15°、75°角的直线

（b）画45°角的直线

图1-7 三角板的使用

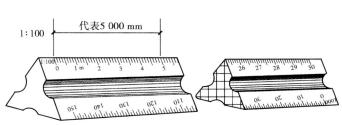

图1-8 比例尺

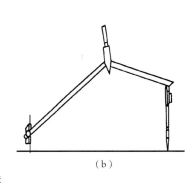

（a） （b）

图1-9 圆规的用法

图1-10 曲线板

心处，带铅芯的插脚接触图纸，然后转动圆规手柄，沿顺时针的方向画圆（图1-9（a））。在画大圆时，还应接上延伸杆（图1-9（b））。

1.2.6 铅 笔

绘图所用铅笔种类很多，其型号以铅芯的软硬程度区分。B表示软，H表示硬，H或B前面的数字越大表示其笔芯越硬或越软。如4B较之B其铅芯更软、粗且色深。3H较之H铅芯更硬，且色浅。

1.2.7 针管笔

针管笔是用来绘制图线的主要工具，其笔尖针管管径有0.1～1.2 mm不同粗细的型号，可用来画不同粗细的图线。针管笔一次加墨可以较长时间使用，比较方便。

1.2.8 曲线板

曲线板是绘制光滑的曲线的主要制图工具（图1-10）。由于曲线的形状各异，但曲线板的形式有限，因此，绘制曲线时，首先得标出曲线上的若干点，然后用铅笔画出曲线的大致形状，最后用曲线板分段画出。

1.2.9 制图模板

制图模板主要是用来画各种标准图例和符号的工具，它分为建筑模板、家具模板、方形模板、图形模板等多种形式。通常模板上面有一定的比例,使用时只要大小合适,就可以直接套用,从而提高制图效率(图1-11)。

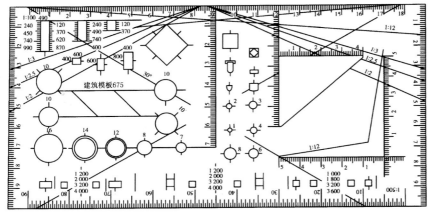

图1-12 擦线板

(a)建筑模板

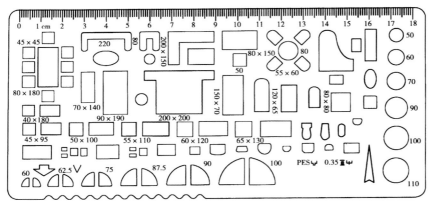

(b)家具模板

图1-11 制图模板

1.2.10 擦线板

擦线板一般由薄金属片(以不锈钢为佳)或透明胶质片制成(图1-12)。其作用是用橡皮擦除在板孔内的线段,而不影响周围其他线条。擦线时必须把擦线板紧紧地按牢在图纸上,以免移动,而影响周围的线条。

1.3　基本制图标准

土木建筑工程图和装饰工程图用于表达设计思想和设计内容,是技术交流和施工的重要依据。为了使建筑图和装饰图表达统一,图面清晰简明,既满足设计和施工的要求,又便于交流技术、提高设计和施工效率,对于图样的画法、图线的线型、尺寸标注、图例和字体,都必须有统一的规定。为此,建设部会同有关部门在2001年颁布了《建筑制图标准》(GB/T 50104)(简称"国标")。这一标准是全国建筑和装饰行业共同执行和实施的标准。本节将介绍《建筑制图标准》中的主要内容(参阅国标GB/T 5001—2001,GB/T 50104—2001,GB/T 50105—2001,GB/T 50106—2001)。

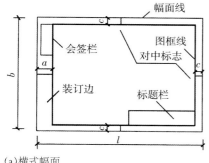

（a）横式幅面

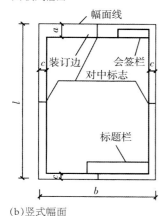

（b）竖式幅面

图 1-13　图纸幅面规格

1.3.1　图　纸

（1）图纸幅面和图框

图纸幅面简称图幅。图幅有 5 种规格尺寸：A0～A4，即 0 号到 4 号。图幅的规格尺寸见表 1-1。b 表示图纸幅面的短边，l 表示图纸幅面的长边。

图框是图纸内部一道封闭的粗实线，用以标志绘图范围。图框线到图纸边缘的距离分别为 a、c。a 为装订边，作装订用，另外三边为 c，随图幅大小而变化。图纸幅面分为横式与竖式两种（表 1-1、图 1-13）。

必要时，图纸幅面 l 边尺寸可按表 1-2 加长。

（2）图纸标题栏与会签栏

在建筑装修工程图中应标明工程名称、图名、图号、设计者、绘图者、审批者的签名和日期等，这些以表格的形式列出，称之为标题栏，简称图标。各种幅面的图纸，无论横放或竖放，均应在图框内画出图标，其位置应布置在图框内的右下角（图 1-13）。国标规定图标有大、小两种尺寸（图 1-14）。大图标可用于 A0，A1 和 A2 幅面；小图标可用于 A2，A3，A4 幅面。

会签栏是为各工种负责人签字用的表格，放在图纸的图框线外左侧

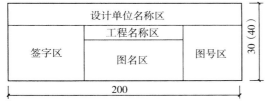

图 1-14　标题栏两种图标

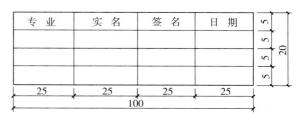

图 1-15　会签栏

表 1-1　图幅和图框尺寸　　　　　　　　　　　　　　　　　　单位：mm

尺寸代号＼幅面代号	A0	A1	A2	A3	A4
$b×l$	841×1 189	594×841	420×594	297×420	210×297
c	10			5	
a	25				

表 1-2　图纸加长后的长边尺寸　　　　　　　　　　　　　　　　单位：mm

尺寸代号	长边尺寸	长边加长后尺寸
A0	1 189	1 486　1 635　1 783　1 932　2 080　2 230　2 378
A1	841	1 051　1 261　1 471　1 682　1 892　2 102
A2	594	743　891　1 041　1 189　133　1 486　1 635　1 783　1 932　2 080
A3	420	630　841　1 051　1 261　1 471　1 682　1 892

上方或右上方（图1-13）。会签栏内应填写会签人员所代表的专业、姓名、日期(年、月、日)(图1-15)。

1.3.2 图　线

建筑和室内设计制图规定用不同线型、不同线宽绘制图样,以表示不同的内容。表1-3列举了常用的几种图线的名称、线型、线宽和主要用途,在制图时按标准线型参考选用。

表1-3　图线的线型和线宽

名　称		线　型	线　宽	用　途
实线	粗		b	主要可见轮廓线；图控线；平、立、顶、剖面图的外轮廓线；截面轮廓线
	中		$1/2b$	可见轮廓线；门、窗、家具和突出部分（檐口、窗台、台阶）的外轮廓线等
	细		$1/4b$	可见轮廓线；尺寸线、尺寸界线、剖面线及引出线；图中的次要线条(如粉刷线)
虚线	粗		b	常用在一些专业制图里面；地下管道等
	中		$1/2b$	不可见轮廓线
	细		$1/4b$	不可见轮廓线、图例线等
点画线	粗		b	结构平面图中梁、柱和桁架的辅助位置线；吊车轨道等
	中		$1/2b$	常用在有关专业制图里面
	细		$1/4b$	中心线、对称线、定位轴线等
双点画线	粗		b	常用在有关专业制图中
	中		$1/2b$	常用在有关专业制图中
	细		$1/4b$	假想轮廓线、成型前原始轮廓线
折断线	细		$1/4b$	断开的界面
波浪线	细		$1/4b$	构造层次的局部界线或断界线

1.3.3 字　体

工程图样中字体由汉字、阿拉伯数字、拉丁字母所组成。通常用黑墨水书写,且要求:字体端正、笔画清楚、排列整齐、间隔均匀。字高按规定选用, 字高系列有2.5,3.5,5,7,10,14,20 mm等7个字号。汉字最小字高为3.5 mm,数字和字母最小字高为2.5 mm。

(1)汉字

制图标准规定汉字必须采用长仿宋。长仿宋体字具有笔画粗细一致,起落转折顿挫有力、笔锋外露、棱角分明、清秀美观、挺拔刚劲又清晰好认的特点。书写长仿宋体字要领可归纳为：横平竖直、起落有锋、布局均匀、填满方格。其字高和字宽的比例应为 3:2，各种字号的汉字实例如图 1-16 所示。

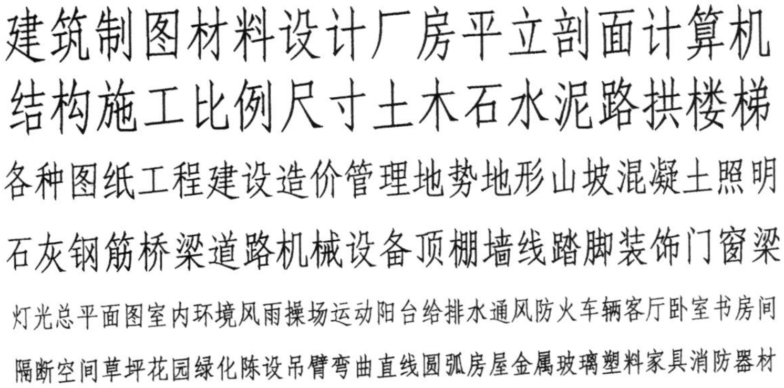

建筑制图材料设计厂房平立剖面计算机
结构施工比例尺寸土木石水泥路拱楼梯
各种图纸工程建设造价管理地势地形山坡混凝土照明
石灰钢筋桥梁道路机械设备顶棚墙线踏脚装饰门窗梁
灯光总平面图室内环境风雨操场运动阳台给排水通风防火车辆客厅卧室书房间
隔断空间草坪花园绿化陈设吊臂弯曲直线圆弧房屋金属玻璃塑料家具消防器材
图 1-16　汉字长仿宋字体字例

(2)数字与拉丁字母

数字采用阿拉伯数字，用于表示各种尺寸数据。字母采用拉丁字母，用于表示图样上的代号、编号、缩写等，其中 *I*、*O*、*Z* 三个字母不予使用，避免与 1、0、2 数字混淆。数字与字母的书写有斜体、正体两种，通常采用向右倾斜 75°的斜体字。汉字与数字或字母混写时，数字和字母的字高比汉字的字高小一号。数字与字母的规格见图 1-17。

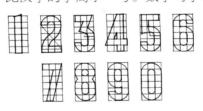

1 2 3 4 5 6
7 8 9 0
ABCDEFGHIJ
NOPQRSTUV
abcdefghijklmnop
qrstuvwxyz
1234567890
1234567890
1 2 3 4 5 6 7 8 9 0
ABCDEFGHIJ
NOPQRSTUV
图 1-17　阿拉伯数字与拉丁字母示例

1.3.4　比例

比例为图形与实物相对应的线性尺寸之比。比例公式为：比例=图上尺寸/实际尺寸。比例应以阿拉伯数字表示，如 1:1，1:5，1:20 及 1:100 等。比例宜注写在图名的右侧，其字号应比图名的字号小一号或小二号。绘图时所选择的比例，应根据图样的用途与被绘制图样的复杂程度来选择(表 1-4)，优先选用常用比例。

表 1-4　常用比例

图　名	常用比例	可用比例
总平面图	1:500，1:1 000，1:2 000，1:5 000	1:2 500，1:10 000
平面图、立面图、剖面图、结构布置图、设备布置图等	1:50，1:100，1:200	1:150，1:300，1:400

1.3.5　尺寸标注

建筑工程图,除了画出建筑物的形状以外,还必须标注出各部分的实际尺寸。有了尺寸的图纸才能作为施工的依据,因此,标注尺寸必须认真细致,保证所标注尺寸的完整、清楚、准确。

（1）尺寸的组成

图样中的尺寸由尺寸线、尺寸界线、尺寸起止符号和尺寸数字四部分组成(图1-18)。

①尺寸线表示所注尺寸的长度,应用细实线绘制,且必须与所标图形轮廓线段平行,(图1-18)。

②尺寸界线用来限定所注尺寸的范围,应用细实线绘制。尺寸界线一般从图形的轮廓线、轴线或中心线引出,一端应与所标图形轮廓线保持不小于 2 mm 的间距,另一端应超出尺寸线 2～3 mm(图1-19)。必要时,物体轮廓线、中心线、轴线等也可作为尺寸界线。

③起止符号表示尺寸的起始点,一般用短斜线或小圆点表示。短斜线用中粗线绘制,其倾斜方向为尺寸界线顺时针旋转 45°,其长度一般为 2～3 mm(图1-18)。半径、直径、角度与弧长的尺寸起止符号,宜用箭头表示,箭头的长度为 4b～5b(b 为线宽)(图1-20)。

④尺寸数字为物体的实际尺寸,与图形比例无关。建筑工程图上的尺寸单位,除标高以 m 为单位外,其余均以 mm 为单位。当尺寸线为水平线时,尺寸数字注写在尺寸线上方中部,从左至右顺序读数;当尺寸线为竖直时,尺寸数字注写在尺寸线的左侧中部,从下至上顺序读数(图1-21)。

当尺寸线不是水平位置时,尺寸数字应按图例 1-22(a)规定的方向注写(尽量避免在斜线范围内注写尺寸数字)。若尺寸数字在 30°斜线区内,宜按图例 1-22(b)的形式注写。

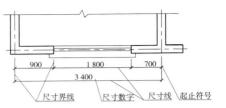

图 1-18　尺寸组成

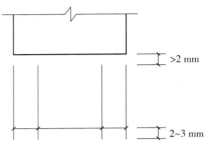

图 1-19　尺寸界线

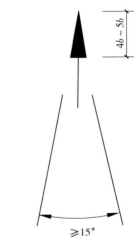

图 1-20　箭头尺寸起止符号

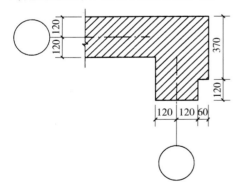

图 1-21　尺寸数字标注规范

图 1-22　尺寸数字标注规范

（2）尺寸标注

①尺寸的排列与布置

尺寸线与所标图形最外轮廓线的距离,不宜小于 7 mm,平行排列的尺寸线间隔宜为 7～10 mm;标注时小尺寸应离轮廓线较近,大尺寸应离轮廓线较远(图1-23)。

如果没有足够的注写位置,最外边的尺寸数字可以标注在尺寸界线外侧,中间的尺寸可用图 1-24 所示的方式标注。任何图线不得穿过尺

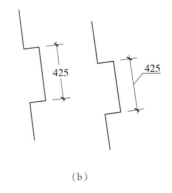

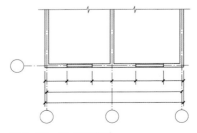

图 1-23　尺寸的排列

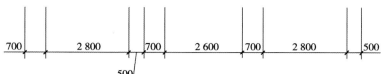

图 1-24 尺寸数字标注方法

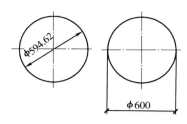

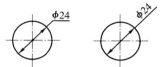

图 1-25 圆直径的标注方法

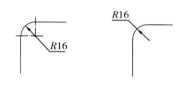

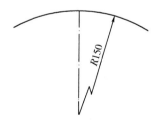

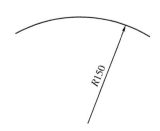

图 1-26 圆弧半径的标注方法

数字,当不能避免时,必须将此图线断开。

②直径、半径的尺寸标注

标注圆的直径时,应在直径数字前加符号"ϕ"(图 1-25)。

半径的尺寸线应一端从圆心开始,另一端画箭头指至圆弧。半径数字前应加注半径符号"R"(图 1-26)。

③角度、弧长和曲线图形的尺寸标注(图 1-27)。

本章要点

(1)图幅的规格、图标的位置

图纸幅面简称图幅,图幅有 5 种规格尺寸:A0—A4。每张图纸中必须标有图标,其位置应布置在图框内的右下角。

(2)图线线型线宽的要求

建筑和装饰制图中规定不同的线型、不同的线宽用来绘制不同的内容。常用的线型有实线、虚线、点画线等,通常线宽分为粗(b)、中($1/2\ b$)、细($1/4\ b$)三种。

(3)字体的组成及要求

工程图中的文字通常包括汉字、数字、字母,汉字必须采用长仿宋体书写,其字高与字宽有相应的比例要求。数字和字母分为正体和斜体两种,其字高与字宽也有相应的比例要求。

(4)比例的定义及规定

比例为图形与实物相对应的线性尺寸之比。比例分为常用比例与可用比例,优先选择常用比例。

(5)尺寸标注的组成及要求

图样中的尺寸由尺寸线、尺寸界线、尺寸起止符号和尺寸数字四部分组成,所标注的尺寸必须完整、清楚、准确。

思考题

1.何谓图幅?图幅有几种规格尺寸?

2.线型的规格有哪些?各有什么用途?

3.何为比例?1:100 表示什么含义?

4.图样的尺寸由哪几部分组成?标注时应注意哪些内容?

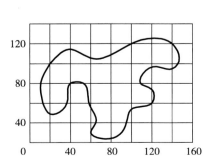

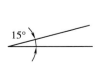

图 1-27 角度、弧长和曲线图形的尺寸标注

2 投影的基本知识

教学引导

● 教学目标:本章为绘制工程图样的理论基础。通过课程教学,使学生了解投影的形成和规律、投影的分类及应用;掌握点、线、面正投影的基本规律;了解三面投影体系的建立;学习基本几何体的投影特征、画法及尺寸标注,初步建立空间思维概念。

● 教学手段:借助立体模型以及图例分析的方式,帮助学生理解投影的形成和规律,培养空间想象能力。

● 教学重点:平行投影的特点和规律、三面视图的关系、组合体视图的尺寸标注和读图的方法。

● 能力培养:能够正确、完整地阅读组合体投影图样,并掌握其视图的画法与尺寸标注方法。

工程图样的基本要求是:在一个平面上准确地表达、构建物体与室内空间的三维特征、各部分材料的构成及精确的数据。工程图样是依据投影的方法绘制而成的,因此,投影原理和投影方法是绘制投影图的基础。

2.1 投影的概念

2.1.1 投影的形成

光线照射物体,在墙壁上或地面上产生了影子。当光线照射的角度或距离发生变化时,物体影子的位置、形状等也会随之改变 (图 2-1(a))。人们将这种日常现象科学地总结、抽象,形成了在平面上作物体投影的原理和投影作图的基本规则及方法(图 2-1 (b))。

在制图中把表示光线的线称为投射线,将落影平面(如地面、墙面等)称为投影面,把所产生的影子称为投影图。

2.1.2 投影的分类

投影可分为中心投影和平行投影两类(图 2-2)。

中心投影:由汇聚于一点的投射线所产生的投影称为中心投影。用中心投影法得到的投影图的大小与形体,与其相对于投影面的位置有

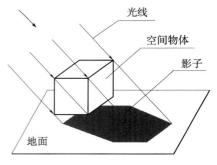

(a) 物体的影子

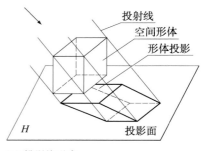

(b) 投影的形成

图 2-1

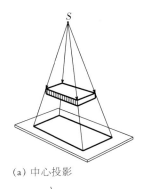

(a) 中心投影

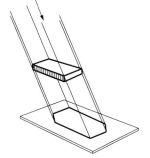

(b) 斜平行投影

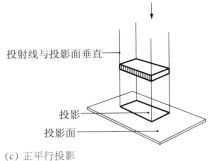

投射线与投影面垂直

投影

投影面

(c) 正平行投影

图 2-2 投影的类型

关。当形体靠近或远离投影面时,投影会变小或变大,且一般不能反映物体的实际大小。

平行投影:由相互平行的投射线作出的物体投影称为平行投影。根据投射线与投影面的位置关系,平行投影又可分为正平行投影和斜平行投影两类。

中心投影——透视图

工程中的效果图(透视图)就是根据中心投影原理绘制的图样。这种图样试图从一个视角反映物体的特征,与人们观察物体的方式类似。因此,该投影方式所产生的图形具有形象逼真、立体感强的特点(图 2-3(a))。

斜平行投影——轴测图

斜平行投影,它用一组平行投射线按某一特定方向,将空间物体的主要三个面(正面、侧面、顶面)和反映物体在长、宽、高三个方向的坐标轴一起投射在选定的一个投影面上所形成的轴测投影,称轴测投影图,简称轴测图。

由于该图形立体感强,而且在平行于轴测轴的方向可以度量。因此,常用于室内设计与家具设计中物体造型的表现或工程图中节点的构造展现(图 2-3(b))。

正平行投影——多面正投影图

当画面的立体图形与我们所见实物印象一致时,人们容易理解。但是这种图样不能准确地反映物体的真实形状与尺寸。因此,不能满足工程制作或施工的要求。

各种工程图纸(平面图、立面图和剖面图)都是采用正投影法绘制而成的。

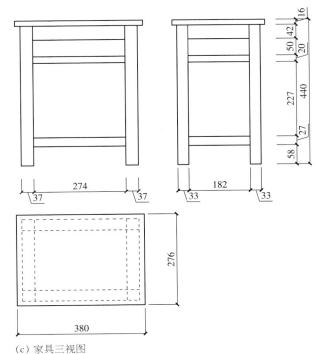

(a)家具透视图

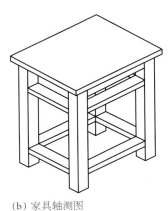

(b) 家具轴测图

(c) 家具三视图

图 2-3

依据正投影法的原理,将物体从前后、左右和上下不同方向(根据物体复杂程度而定)分别向相互垂直的投影面上作投射,得到多面正投影图。多面正投影图能够准确地反映物体的形状和大小,因此,广泛应用于土木工程、室内装修和家具设计制造工程(图2-3 (c))。

2.1.3 点、线、面正投影的基本规律

任何复杂的物体,都是由许多的面构成。面与面的相交有交线,线与线的相交有交点。工程图样中绝大部分是由平面、直线和点组成的。因此,掌握点、线和平面正投影的基本规律,有助于我们识图和绘图。

(1)点的正投影规律

点的正投影仍然是点(图2-4)。

(2)线的正投影规律

平行于投影面的直线,其投影仍是直线,反映实长(图2-5 (a))。

垂直于投影面的直线,其投影积聚为一点(图2-5 (b))。

倾斜于投影面的直线,其投影仍是直线,但长度缩短(图2-5 (c))。

直线上任意一点的投影,必在该直线的投影上,图2-5 (a)上的a,b,c。

(3)面的正投影规律

平行于投影面的平面,其投影反映该平面的实形(图2-6 (a))。

垂直于投影面的平面,其投影积聚为直线(图2-6 (b))。

倾斜于投影面的平面,投影变形,面积缩小(图2-6 (c))。

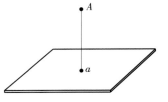

图2-4 点的正投影

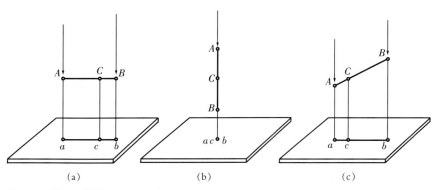

图2-5 线的正投影

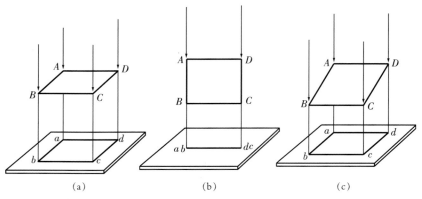

图2-6 面的正投影

2.2 三面正投影图

2.2.1 三面投影图的形成

如果一个物体只向一个投影面投影，只能得到它一部分真实情况，不能反映它们全部的形状和尺寸。空间两个不同形状的物体，它们向同一个投影面投影，其投影图都是相同的。由此可见，只凭一个投影面不能确定物体的形体，因此，需要增加投影面(图2-7)。

如果将物体放在三个相互垂直的投影面之间，用三组分别垂直于三个投影面的平行投射线投射，就能得到这个物体三个面的正投影图。这样就可以较完整地反映出物体顶面、正面及侧面的形状与大小(图2-8)。

2.2.2 三面投影图投影对应关系与规律

三组投射线与投影图的关系：

平行投射线由上向下垂直 H 面，在 H 面上产生的投影称为水平投影图(俯视图)。

平行投射线由前向后垂直 V 面，在 V 面上产生的投影称为正面投影图(主视图)。

平行投射线由左向右垂直 W 面，在 W 面上产生的投影称为侧面投影图(左视图)。

三个投影面的两两相交线 OX、OY、OZ 称为投影轴，它们相互垂直，三条投影轴相交于一点 O，称为原点。

为了把处于空间位置的三个投影面在同一个平面上表示出来，按规定 V 面保持不动其他两个面顺着投射方向展开(图2-9)。

从展开图上可以看到 V、H 面的左右关系并未发生变化，反映的是同一物体的长度，这种关系被称为"长对正"；V、W 面的上下关系也未发生变化，反映的是同一物体的高度，这种关系被称为"高平齐"；而 H、W 面的位置虽然变了，但是它们到 V 面的距离未变，且反映的是同一物体的宽度，这种关系被称为"宽相等"。

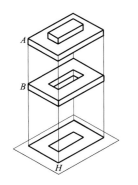

图 2-7 不同形体 H 面投影相同

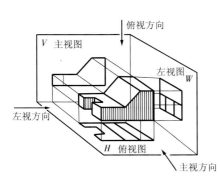

图 2-8 三视图的投影原理

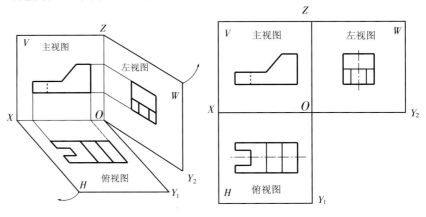

图 2-9 三面投影的展开

"长对正、高平齐、宽相等"是投影制图的基本规律,简称"三等规律"(图2-10)。

2.2.3　三面正投影图的画法

以几何模型为例,介绍其三面投影图的作图方法与步骤。

(1)画形体的正投影图时,应尽可能使形体的各表面与投影面平行,使其投影图充分显示物体真实的形状和尺寸(图2-11)。

(2)根据物体形状具体分析从最能显示主要特征的投影图开始作图(一般先画正面投影)。

(3)根据"长对正"的原则和形体的宽度,在正面投影的下方画出该形体的水平投影(反映左右两个顶面和凹槽的三个矩形)。

(4)根据"高平齐"、"宽相等"的原则可画出侧面投影。使用丁字尺将 V 投影和 W 投影拉平,借助45°的辅助线保证 H 投影和 W 投影的宽度相等。

(5)三面投影图画完后,检查有无错误和缺线,将辅助线擦除,并加深可见投影线,不可见的线画成虚线(图2-12)。

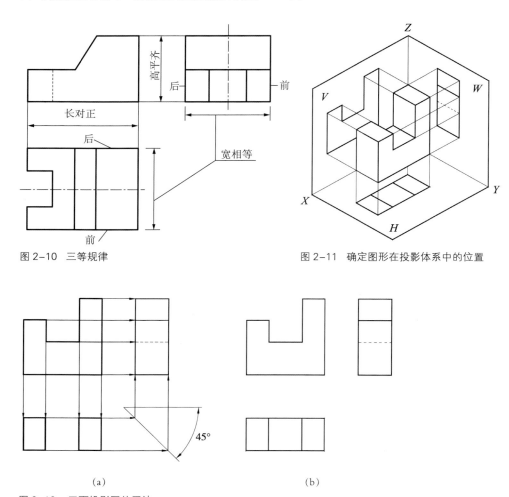

图2-10　三等规律

图2-11　确定图形在投影体系中的位置

（a）　　　　　　　　　　　（b）

图2-12　三面投影图的画法

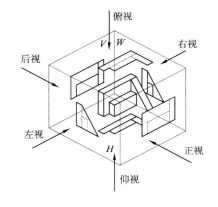

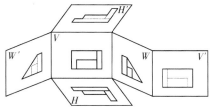

图 2-13 六面投影体系及展开图

2.3 视图配置和尺寸标注

2.3.1 视图配置

如前所述,由于表达形体的需要而建立了三面正投影图,在工程图中称投影图为视图。正面投影称为主视图(正视图);水平投影称为俯视图或仰视图;侧面投影称为左视图或右视图,总称三面视图。在实际应用中,当形体比较复杂,用三个视图不足以清晰表达时,可在原来三个投影面的基础上再增加三个投影面(图 2-13)。

视图如果按上述方法展开的位置放置时,一般不需要标注视图名称,否则应标明视图名称(图 2-14 (a))。

在建筑与室内设计制图中按专业习惯分别将上述六个视图称为正立面图、平面图、左侧立面图、右侧立面图、底面图和背立面图,并按顺序排放(图 2-14 (b))。

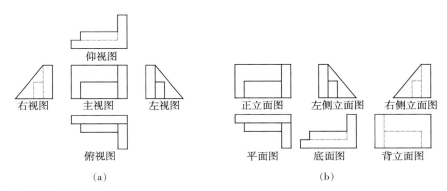

(a)　　　　　　　　　　　　　　　　(b)

图 2-14 视图配置

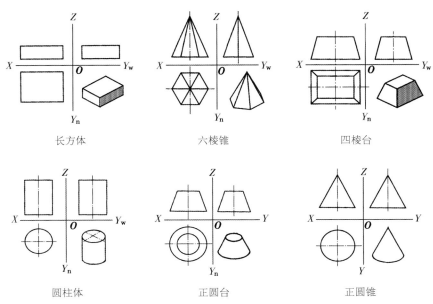

长方体　　　　　　　　六棱锥　　　　　　　　四棱台

圆柱体　　　　　　　　正圆台　　　　　　　　正圆锥

图 2-15 基本几何形体的三视图

17

2.3.2　基本几何形体的视图和尺寸标注

任何复杂的形体,都可以分解为最基本的几何体。图 2-15 列出了常见的基本几何体在三面投影体系中的投影情况及其三视图。它们的视图有一定的规律、特点和代表性,分析其投影情况可帮助我们熟悉形体的视图表达。

正确的视图可以清楚地表达物体的形状,但其大小和各部分的关系需要标注尺寸才能确定。图 2-16 展示了几种基本几何体的尺寸标注方法(图中的标注省略了具体的尺寸数值)。

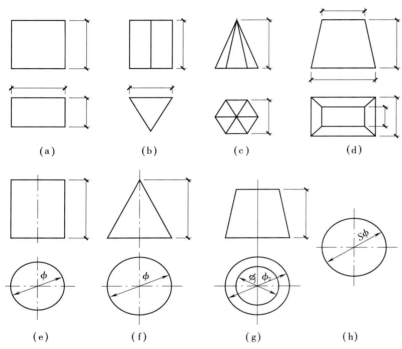

图 2-16　基本几何形体的尺寸标注

注:S 为球体英文 Sphere 的首字母

2.4　断面图与剖面图

为了能清晰地表达物体内部构造,或使形体某些被遮挡的部分成为可见,工程图样中常采用剖切的方法来解决。

假想用一个剖切平面沿着踏步将台阶剖开,使台阶分为前后两部分,并设想将剖切平面前面部分移去,再对遗留的部分形体作正投影,这种方法称为剖视。

用剖视方法画出的正投影图称为剖视图。剖视图按其表达的内容可分为剖面图和断面图两种。按图 2-17 所示,如对遗留部分的台阶作正投影,将被剖切到的部分和未剖切到但从剖视方向仍可见到的轮廓线予以区别表现,所得图形称剖面图;如只画剖切平面与台阶相交部分,所得图形称断面图(或截面图)(图 2-18)。

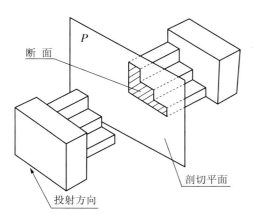

图 2-17 剖视图

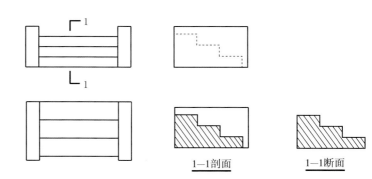

图 2-18 剖面图和断面图的形成

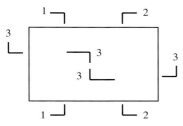

图 2-19 剖切符号标注

2.4.1 剖面符号

剖切符号由剖切位置线、投射方向线及编号组成。剖切位置线和投射方向线均应以粗实线绘制。剖切位置线的长度宜为 6 ~ 10 mm;投射方向线长度应短于剖切位置线,宜为 4 ~ 6 mm;剖切位置线和投射方向线不应与其他图线相接触;编号宜用阿拉伯数字,标在投射方向线的端部;转折的剖切位置线,宜在转角的外顶角处加注相应编号(图 2-19)。

剖面图的图名是以剖面的编号来命名的。例如 1—1 剖面图,它应注写在剖面图的下方(图 2-18)。

2.4.2 剖面图的种类

根据物体的形状和结构特征的不同,需要采用不同的剖切方式,从而得到不同种类的剖面图。在建筑类工程中常见的剖面有全剖面、半剖面、局部剖面和阶梯剖面等。

(1)全剖面图

用一个剖切平面将物体全部剖开后所得到的剖面图,称为全剖面图。它主要用于外形简单或剖切后图形不对称的形体(图 2-20)。

(2)半剖面图

一般用于结构对称,且内外形状均需表达的物体。绘图时常以对称线为界,一半画外形图,另一半画剖面图。当对称线是铅垂线时,剖面图一般画在对称线的右方(图 2-21)。当对称线是水平线时,剖面图一般画在对称线的下方。

(3)阶梯剖面图

用两个或两个以上平行的剖切平面剖切物体所得到的剖面图称为阶梯剖面图,其剖切位置线的转折处应用两个端部垂直相交的粗实线画出。在转折处由于剖切所产生的物体的轮廓线在剖面图中不应该画出来(图 2-22)。

(4)局部剖面图

用于表示物体局部的内部构造的视图,在局部剖面图中,它保留了原物体投影图的大部分外部形状,在投影图和局部剖面之间,用徒手画的波浪线作为分界线(图2-23)。

2.4.3 断面图的表示

断面图的剖切符号用剖切位置线和编号表示。剖切位置线的长度宜为6～10 mm,用粗实线绘制;编号可用阿拉伯数字、罗马数字或小写拉丁字母,标在剖切位置线的一侧,且表示投射方向。如向左剖视时,则断面编号应注写在剖切线的左侧;向下剖视时则断面编号应写在剖切线的下方(图2-24)。

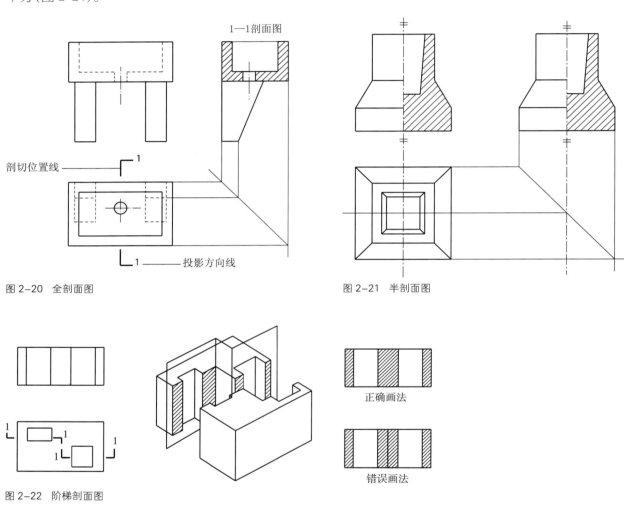

图 2-20 全剖面图

图 2-21 半剖面图

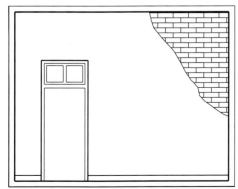

图 2-22 阶梯剖面图

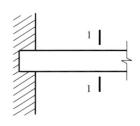

图 2-23 局部剖面图

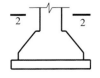

图 2-24 断面的剖切符号

本章要点

(1)投影方法分中心投影法和平行投影法。平行投影法又可分斜投影法和正投影法。

(2)点、直线、平面的正投影规律是：

● 点的正投影仍然是点(图 2-4)。

● 直线平行于投影面，其投影反映实长；直线垂直于投影面，其投影积聚成一点；直线倾斜于投影面，其投影仍是直线，但长度比实长短(图 2-5)。

● 平面平行于投影面，其投影反映实形；平面垂直于投影面，其投影积聚成一条直线；平面倾斜于投影面，其投影仍是一个平面，但不反映实形，面积要比原面积小(图 2-6)。

(3)三面投影图共同表示一个物体，它们之间具有"三等"关系，即长对正、高平齐、宽相等。

(4)除特殊形体的物体(圆柱、球、圆管等)以外，一般的物体的投影图要作出正、平、侧三个视图，三面投影图结合起来才能反映出该物体的形状和大小。

(5)用剖视方法画出的正投影图称为剖视图。剖视图按其表达的内容可分为剖面图和断面图两种。

(6)剖切平面不需要在投影图中直接表示，但要用剖切符号表明它的剖切位置和画剖面图时的投影方向，并用阿拉伯数字注写剖面的编号。

(7)断面图是物体被剖切后对断面的垂直正投影图。它的剖切符号中的投影方向是通过断面编号数字的注写位置来表示的。

思考题

1. 投影法有哪几类,其特点各是什么?

2. 点、直线、平面的正投影规律各是什么?

3. 三视图是如何形成的?

4. 形体的三面投影图之间有何对应关系?

5. 如何正确进行组合体的尺寸标注?

6. 什么是剖面图? 什么是断面图? 他们有什么区别?

3 轴测图

3.1　轴测投影图的基本概念

　　轴测投影图是一种画法比较简单的立体效果图,它将平面图、正立面图、侧立面图三者关系用一个图形直接反映物体的立体形状。尽管轴测图形不符合人眼的视觉规律,但它仍然以作图简便、形成视觉形象快、反映景物实际比例关系准确等优势,成为一种有力的设计表现方法(图 3-1)。

3.1.1　轴测投影图的形成

　　设立一个承影面 P,称为轴测投影面。将物体连同确定其空间位置的直角坐标系,用不平行任一坐标轴方向的投射线,按平行投影法投向轴测投影面,得到能反映三个向度、具有立体感的单面投影图,称轴测投影图或轴测图(图 3-2)。

3.1.2　有关名词介绍

　　(1)轴测投影面

　　轴测投影的承影面,如平面 P(图 3-2)。

　　(2)轴测轴

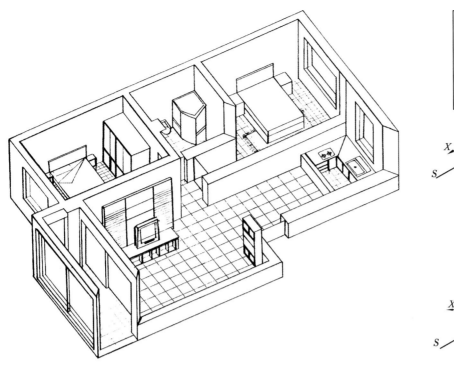

图 3-1　轴测图

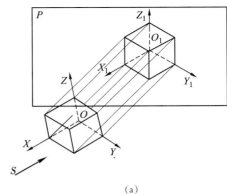

(a)

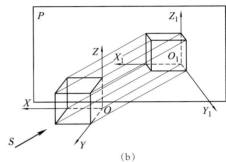

(b)

图 3-2　轴测图的形成

空间直角坐标系在轴测投影面上的投影。如图 3-2 中空间坐标轴 OX, OY, OZ 在 P 面上的投影 O_1X_1, O_1Y_1, O_1Z_1。

（3）轴间角

两 轴 测 轴 之 间 的 夹 角。如 图 3-2 中 的 $\angle X_1O_1Y_1$, $\angle Y_1O_1Z_1$, $\angle Z_1O_1X_1$。

（4）轴向伸缩系数

即轴测轴的投影长度与相应实际长度之比。X, Y, Z 各轴向伸缩系数分别用 p, q, r 来表示。

3.1.3　轴测投影图的特点

由于轴测图是使用平行投影法得到的一种投影图,因此,仍具有平行投影的基本性质：

（1）凡相互平行的直线其轴测投影仍相互平行；

（2）凡与坐标轴平行的线段,其轴测投影的伸缩系数与该坐标的轴向伸缩系数相同；

（3）凡与轴测投影面平行的图形、线段,其轴测图反映实形、实长。

3.1.4　轴测投影图的分类

（1）根据轴测投射方向与轴测投影面所形成的角度不同,轴测图可分为两大类:正轴测图和斜轴测图。

（2）根据空间直角坐标系各轴与轴测投影面形成夹角的不同,正轴测图和斜轴测图又可区分出不同的类型(图 3-3)。

在正轴测图中,当物体的几个面均不与承影面平行时,采用正投影的方法所得的轴测图有下列三种类型：

①正等测图　正等测图的轴向伸缩系数 $p=q=r$，轴间角均为120°；

②正二测图　正二测图的轴向伸缩系数 p,q 和 r 中有两个相等；

③正三测图　正三测图的轴向伸缩系数 $p \neq q \neq r$。

其中，正等测图是轴测图中最常用的一种。

在斜轴测图中，因为投影线不与承影面垂直，所以，通常选用物体的一个面与承影面平行。当物体的水平面与承影面平行时其水平面反映实形·(水平斜轴测图)。当物体的立面与承影面平行时其立面反映实形 (正面斜轴测图)(图 3-5)。

它们所形成的斜轴测图有下列两种类型：

①斜等测图　斜等测图的轴向伸缩系数 $p=q=r$ (图 3-6)；

②斜二等测图　斜二等测图的轴向伸缩系数 p,q 和 r 中有两个相等(图 3-6)。

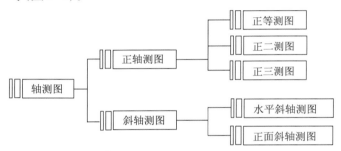

图 3-3　轴测图的分类

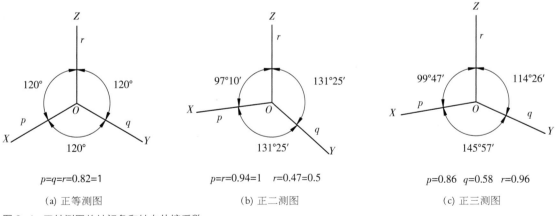

$p=q=r=0.82=1$　　　　$p=r=0.94=1$　$r=0.47=0.5$　　　　$p=0.86$　$q=0.58$　$r=0.96$

(a) 正等测图　　　　　　　(b) 正二测图　　　　　　　(c) 正三测图

图 3-4　正轴测图的轴间角和轴向伸缩系数

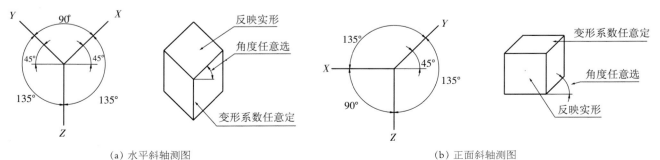

(a) 水平斜轴测图　　　　　　　　　　　　(b) 正面斜轴测图

图 3-5　水平斜轴测图与正面斜轴测图

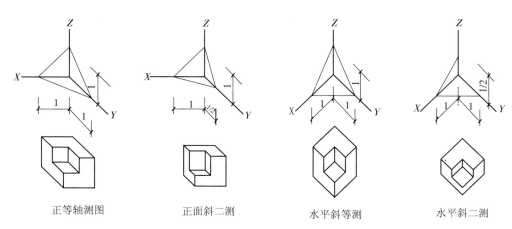

正等轴测图　　　　　正面斜二测　　　　　水平斜等测　　　　　水平斜二测

图 3-6　斜轴测图的轴间角和轴向伸缩系数

3.2　轴测投影的画法

3.2.1　基本作图步骤

①选择观看角度。作轴测投影图之前,首先应了解所画物体的实际形状和特征,分析从哪个角度能把物体表现清楚;

②选择合适的轴测轴。为了考虑作图简便,对方正、平直的物体宜采用正轴测投影法;对形状复杂或带有曲线的物体宜采用斜轴测投影法;

③根据选定的轴测形式、轴向伸缩系数和轴间角度,开始绘图。将物体(或三面正投影图)置于一空间直角坐标系中,即选定物体的空间直角坐标原点 O 的位置和确定坐标轴 OX,OY,OZ 的方向, 这些方向通常应与物体的长、宽、高三个主要方向一致;

④选择合适的比例尺,沿轴向按比例量取物体的尺寸;

⑤根据空间平行线的轴测投影仍平行的规律,作平行线连接,得轴测图底稿;

⑥根据前后关系,擦去被挡的图线和底线,加深图线,完成轴测图。

3.2.2　几种常用的轴测图画法

(1)正轴测图的画法

如前所述,正轴测图有三种类型,即正等测图、正二测图和正三测图。其中正等测图因具有均称完整的立体形象、且作图方便等特点,常用于表现规整、平直的室内效果与室外环境。

由于三个坐标轴与投影面的倾斜角度相等,所以三个轴测轴之间的轴间角一定相等,即轴间角均为120°,它们的轴向伸缩系数也相等。经计算约等于 0.82,即 $p=q=r=0.82$。实际作图时为了度量方便,常取 $p=q=r=1$,称为简化系数(图 3-7)。

【例题】　建筑正等测图画法

①在室内平面图上选定坐标原点 O 的位置(图 3-8 (a))。并依据正等测图三个轴测轴之间相等的轴间角,确定坐标轴 OX,OY,OZ 的方向,

按1:1量取尺寸,作出室内底部的轴测投影图(图3-8(b));

②确定高度。沿 *OZ* 轴,按实际高度定出诸点,并作垂直方向线(图3-8(b));

③沿 *OX*, *OY* 轴方向作平行直线，完成诸物体的轴测图形绘制(图3-8(c));

④擦去所有被遮挡部分的线条,完成室内的正等测图(图3-8(d))。

在装饰构件的设计表达中,有的构件造型独特,仅用三视图还不能完全表达清楚。若用正等测图示之,既可将其结构交代清楚,又有助于制作加工(图3-9)。

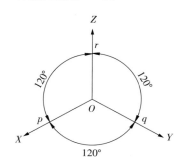

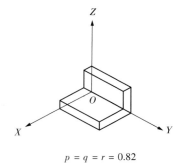

$$p = q = r = 0.82$$

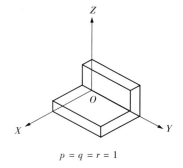

$$p = q = r = 1$$

图 3-7 正等测的轴间角与伸缩系数

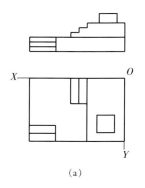

（a）

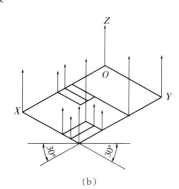

（b）

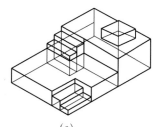

（c）

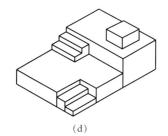

（d）

图 3-8 正等测图作图步骤

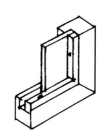
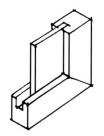

图 3-9 装饰构件的轴测图表现

【例题】 圆的轴测图画法

由于在正等测图中,空间各坐标对投影面的位置都是倾斜的,而且各个坐标面与轴测投影面的倾角均相等。因此,平行于各个坐标面的直径相同的圆,轴测投影为长、短轴大小相等,但方向不同的椭圆(图3-10)。

在作图时,为了方便快捷,首先画出圆的外切正方形的轴测图,然后采用四段圆弧连接成近似椭圆(图3-11)。

【例题】 圆柱的轴测图画法

作图时首先在 Z 轴上截取圆柱高 H,上下两点分别作 X,Y 轴;然后在上底的 X,Y 轴上截取圆柱直径作菱形,并在菱形内用椭圆的近似法画椭圆;用同样的方法画下底椭圆;最后过两椭圆最大轮廓线作切线即成(图3-12)。

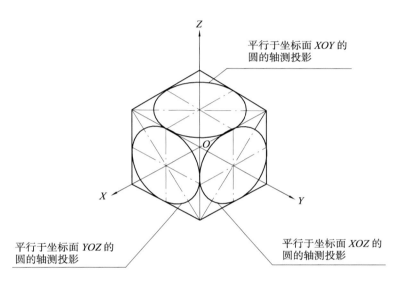

图 3-10 正等测圆的画法

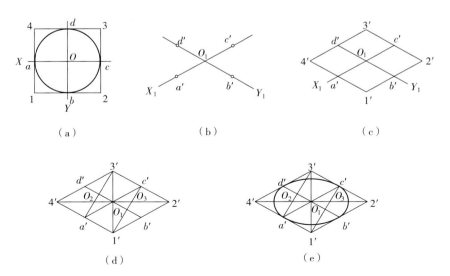

图 3-11 正等测椭圆的近似画法

【例题】 圆角的轴测画法

①在平面图上依据圆角的半径 R,作切点 A,B,C,D(图 3-13(a));

②绘出平板的轴测图形和切点位置(图 3-13(b));

③过 A_1,B_1,C_1,D_1 各点分别作其所在边的垂线,得交点 O_1,O_2(图 3-13(c));

④分别以 O_1,O_2 为圆心,以 O_1A_1,O_2C_1 为半径作圆弧,得长方体上面圆角的轴测图(图 3-13(d));

⑤将圆心下移其厚度 H,用上面圆弧相同的半径作圆弧,即得长方体底面圆角的轴测图(图 3-13(e));

⑥画出圆角的公切线,得带圆角的长方体轴测图(图 3-13(f))。

注意:在两圆角中以较小半径画出的圆角 O_2 在厚度方向有公切线,而以较大半径画出的圆角 O_1 则无公切线。

(2)斜轴测图的画法

在斜轴测图中,投射线与轴测投影面斜交,使物体的一个面与轴测投影面平行,这个面在图中反映实形。因此,凡物体有一个面形状复杂、曲线较多时用斜轴测图比较简单。如前所述,斜轴测有两种类型:正面斜轴测图和水平斜轴测图。

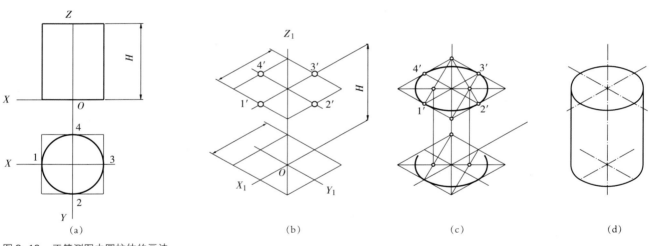

图 3-12 正等测图中圆柱体的画法

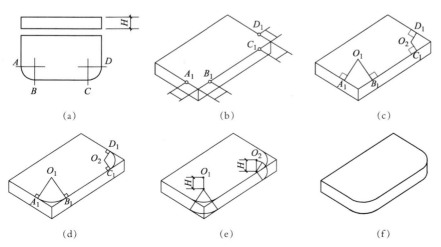

图 3-13 正等测图中圆角的画法

①正面斜轴测图

正面斜轴测图的特点是:物体的立面与承影面平行,其立面反映实形。因此,适于表现某一立面形状较为复杂的物体。

【例题】 正面斜轴测图画法

该物体的立面圆弧形曲线较多且有孔,形状较为复杂。采用正面斜轴测画法,物体只有前后层次的推移而无形状的变化,因此方便快捷(图3-14)。

根据实际情况选用正面斜轴测的 Y 轴向伸缩系 q ,若选 $q=1$,所反映的进深尺寸过大(图3-14(a)),则宜采用正面斜二测($q=1/2$)(图3-14(b))。

【例题】 书柜正面斜二测图画法

由于正面斜轴测图的特征是:反映物体平行于 V 面的平面形状为实形,所以可直接依据书橱的立面图作图。沿 Y 轴方向量取书橱各部分的尺寸的一半,即可得出该书橱的立体图形(图3-15)。

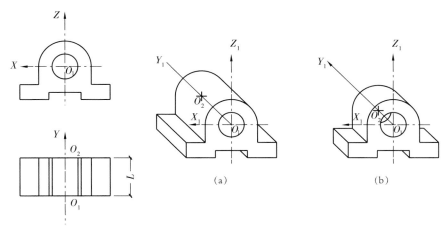

图3-14 正面斜轴测图的画法

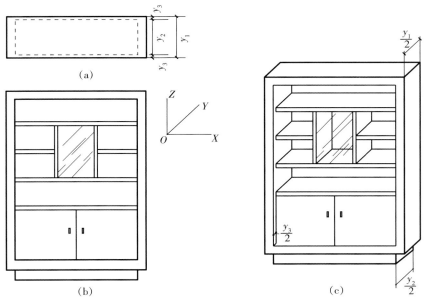

图3-15 书橱的正面斜二测图

②水平斜等轴测图

水平斜等轴测图的特点是：物体的水平面与承影面平行，其水平面反映实形。在表现平面复杂、形状不规则的室外环境时，采用此画法效果较好。

【例题】 园景水平斜等轴测图画法

①选定水平角，作平面（图 3-16 (b)）；

②作垂直方向线，并在其上按实际高度定出诸点，然后从这些点引水平轴测图的平行线完成轮廓的图形（图 3-16 (c)）、（图 3-16 (d)）；

③擦去所有被遮挡部分的线条，完成园景的水平斜等轴测图（图 3-16 (e)）。

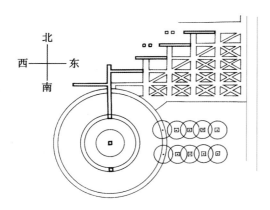

(a) 园景平面图

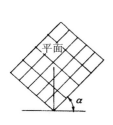

(b) 选定水平角，作平面

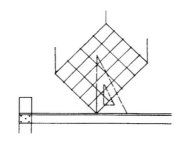

(c) 借助工具作垂线，定高度

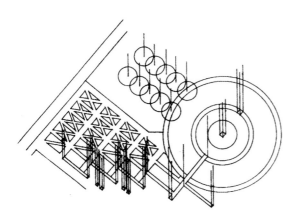

(d) 选定水平角、确定高度

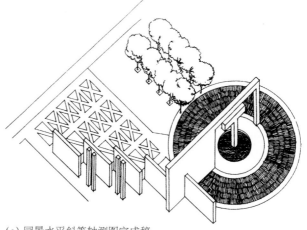

(e) 园景水平斜等轴测图完成稿

图 3-16 园景的水平斜等轴测图绘制步骤

本章要点

（1）轴测图的概念。轴测投影图是用一组平行投射线将物体连同反映物体长、宽、高三个方向的坐标轴一起投射到一个新的投影面上而得到的。轴测投影图用一个图形直接表示物体的立体形状，有立体感，比较容易看懂。

（2）轴测图的分类。轴测图可分为两大类：正轴测图和斜轴测图。

（3）常用的轴测图画法：

● 正轴测图中的正等测图因具有匀称完整的立体形象且作图方便等特点，常用于表现规整、平直的室内效果与室外环境。

● 斜轴测图适用于表达某一轴向结构形状较复杂的平面。例如用正面斜轴测图表现立面复杂的家具造型；用水平斜轴测图表现平面复杂、形状不规则的室外环境。

（4）在画轴测图时应注意以下几点：

● 轴测轴是画图的重要依据，因此，应根据物体的实际形状选择合适的轴测轴。

● 凡物体与三个坐标轴有平行关系的棱线，在轴测图中它们的投影不但与相应的轴测轴平行，而且都可以直接按尺寸画出；凡与三个坐标轴都不平行的棱线，都要设法通过辅助的方法找出它们与坐标轴的关系，才能画出。

● 准确迅速地画出轴测图的重要因素是清楚地了解所画物体的立体形状，如：什么地方是凸出来的，什么地方是凹进去的，什么地方是被遮住的等，把复杂的形体分解为简单形体，从最能说明物体形状的角度入手。

（5）在轴测投影中，当圆所在的平面倾斜于投影面时，它的投影是一个椭圆。画椭圆的方法常用四心椭圆法和八点椭圆法（参考其他教材）。

思考题

1.什么是轴测投影，它与正投影的区别是什么？它有哪些特征？

2.正轴测投影与斜轴测投影有什么区别？

3.正等测、斜二测的轴间角、轴向伸缩系数各是多少？

4.怎样用近似画法画出椭圆？

5.怎样画出轴测图中的圆角、圆弧或其他曲线？

6.在选择轴测图的种类时，应掌握哪些原则？

7.根据物体的实际形状，怎样选择合适的轴测轴绘制家具或室内的轴测图？

4 透视图

教学引导

● 教学目标：通过本章学习，使学生了解透视的基本原理与透视图的分类；熟练掌握透视图绘制的方法与技巧；培养学生的空间思维能力，为将来的专业设计表现打好基础。

● 教学手段：本章通过图解说明的方式来帮助学生理解透视的形成与基本规律；运用梳理分析的方式阐述透视参数的选择与透视效果关系；从简单的形体入手讲授透视图绘制方法与技巧，并通过课程作业提高绘制水平。

● 教学重点：学习平行透视、成角透视的基本原理、特征和表现方法。

● 能力培养：在完成该课程的学习后，使学生能够运用所学知识，熟练地对室内外相关实体进行透视图表现，为后续的设计专业课打好效果表现的基础。

4.1 透视图基本知识

如前所述，透视图是根据中心投影原理绘制而成的立体效果图样。与轴测投影图相比，它更符合人眼看物体的规律，能够从一个视角真实地反映物体的特征。因此，它是设计师再现预想方案的重要技术手段。

4.1.1 透视图的形成

透视图是利用中心投影法绘制的，能反映三个向度和具有立体感的单面投影图。设想：在画者和物体之间设置一块玻璃平面，物体形状通过聚向画者眼睛的锥形视线束映现于玻璃板上，于是画者在二维的平面上得到三维物体的成像（图4-1）。

4.1.2 常用术语

透视图中常用术语有以下几种（图4-2）：

PP 画面：为一假想树立在物体与画者之间的铅垂透明平面，是构成透视图形的必备条件；

GP 基面：放置物体的水平面，也可看成是画者所站立的地平面；

GL 基线：画面与基面的交线；

E 视点：指画者眼睛所在的位置；

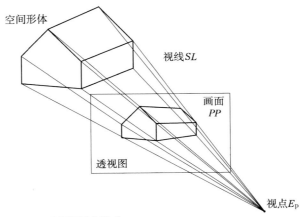

图 4–1　透视投影的形成

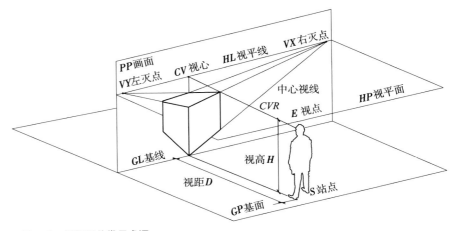

图 4–2　透视图的常用术语

HP 视平面：人眼高度所在的水平面；

HL 视平线：视平面与画面的交线；

H 视高：视点与站点间的距离；

S 站点：视点在基面上的正投影，即画者所站立的位置；

D 视距：视点至画面的距离，即视点到视心的距离；

CV 视中心点：中心视线与画面的垂直交点，也称心点；

CVR 中心视线：过视点垂直于画面的视线，也称主视线；

V 灭点：也称消失点，指不平行于画面的直线无限远的投影点。在一点透视中只有一个灭点；在二点透视中灭点又分为 *X* 轴向和 *Y* 轴向，分别用 *VX*，*VY* 表示。在三点透视中除 *X*，*Y* 两个轴向灭点外，还有垂直方向的 *Z* 轴向灭点 *VZ*；

M 测点：是透视图中确定物体或空间进深的参考点，分别用 *MX*，*MY* 表示。

4.1.3　透视的规律

(1)由图 4-3 (a)分析

①从轴测图可以看到，由视点 *E* 看 *AA′*，*BB′* 的视线形成一方锥体，此方锥体和 *PP* 的交线即 *AA′*，*BB′* 的透视 *aa′*，*bb′*；

②因 *AA′*，*BB′* 垂直于 *GP*，即 *AA′*，*BB′* 平行于 *PP*，并和 *PP* 等距，所

以矩形 AA' , $B'B$ 与 $aa'b'b$ 为平行并相似的矩形；

③因 $AA'=BB'$,则 $aa'=bb'$ 。

结　论：

①凡和画面平行的直线,透视也和原直线平行；

②凡和画面平行,等距的等长直线,其透视也等长；

③若离开画面但与画面平行,则其透视图为原形的相似形；但是如与画面重合的平面图形,透视即其自身。

(2)由图 4-3 (b)分析

①直线 AA' 在画面上,它的透视 aa' 与原直线等长；

②在侧面图上可以看出,视点 E 距直线越远夹角边越小,即 $\angle CEC'<\angle BEB'<\angle AEA'$;直线的透视长度距视点越远越短,所以 $cc'<bb'<aa'$ ；

③同一平面上,等距、相互平行直线的透视间距,距画面远的小于距画面近的。

结　论：

①凡在画面上的直线的透视长度等于实长；

②当画面在直线和视点之间时,等长、相互平行直线的透视长度,距画面远的小于距画面近的；

③同一平面上,等距、相互平行直线的透视间距,距画面远的小于距画面近的。

(3)由图 4-3 (c)分析

①在轴测图中可以看出:若延长 AB ,视线 EA , EB , EC 和直线 AC 的夹角 θ_1 , θ_2 , θ_3 距视点越远越小,即 $\theta_3<\theta_2<\theta_1$ ；

②当直线延伸至无穷远时,视线和延伸直线的夹角趋近于 0°。即视线和直线相互平行。视线和画面的交点为直线延伸至无穷远点的透视

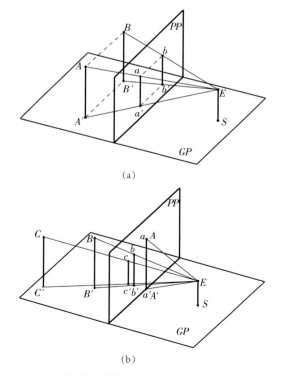

(a)

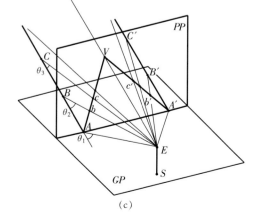

(b)

(c)

图 4-3　透视图的规律

点,即直线透视的灭点;

③直线 $A'B'$ 平行于 AB,它们消失到同一点 V。

结　论:

①和画面不平行的直线透视延长后消失于一点,这一点是从视点作与该直线平行的视线和画面的交点——灭点(也称消失点);

②和画面不平行的相互平行直线透视消失到同一点。

4.1.4　透视图分类及图形特点

物体一般都具有两两垂直的三个向度(主向)。例如一个四方柱具有两两垂直的三组各自互相平行的主向棱线,根据各组主向棱线与画面的相对位置不同,它们在画面上有的有灭点,有的没有灭点,根据主向灭点数的不同,透视图分为:平行透视(也称一点透视)、成角透视(也称两点透视或余角透视)和倾斜透视(也称三点透视)。

(1)平行透视

一个立方体的两组主向棱线与画面平行(图 4-4 (a)中 a,c),而另一组长度(进深)方向的主向棱线必然与画面垂直(图 4-4 (a)中 b),它有一个主向灭点,即视心。这种条件下画成的透视图称为平行透视,又称一点透视(图 4-4 (b))。

一点透视纵深感强,且求证简单。一般来说室内空间包容的物体凡事物尽量以简单方式的思路,国内外的设计师大多选预想设计效果的主要表现手段(图 4-5)。

(2)成角透视

物体只有一组主向棱线(高度)与画面平行(图 4-6 (a)中 c),另外两组与画面倾斜(图 4-6 (a)中 a,b),因而在画面视心左右有两个主向灭点;两组棱线同画面分别成 α 角、β 角,两角相加为90°,互为余角,故称

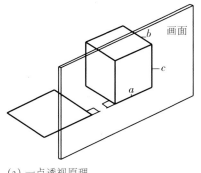

(a) 一点透视原理

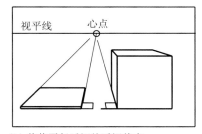

(b) 物体平行透视的透视状态

图 4-4

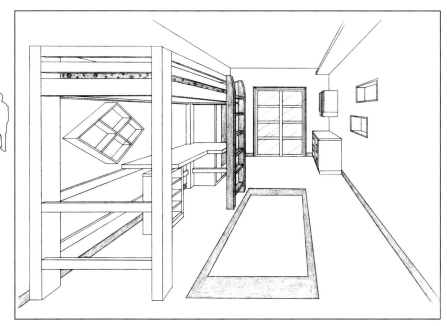

图 4-5　室内一点透视图

余角透视,相对平行透视而言,余角透视对画面是成角度的,故又称成角透视或两点透视(图 4-6 (b))。

两点透视图画面效果比较自由、活泼。反映的空间接近于人的真实感觉。但角度选择不好,易产生变形(图 4-7)。

(3)倾斜透视

立方体的三组主向棱线都无一与画面平行,因而在画面上将有三个主向灭点,即消失于 VX,VY 及向下(或者向上)的 VZ 灭点(图 4-8 (b))。在这种条件下画成的透视图为俯视或仰视透视图(图 4-9)。

由于篇幅有限,本教材将重点介绍平行透视(一点)、成角透视(两点)的作图方法。

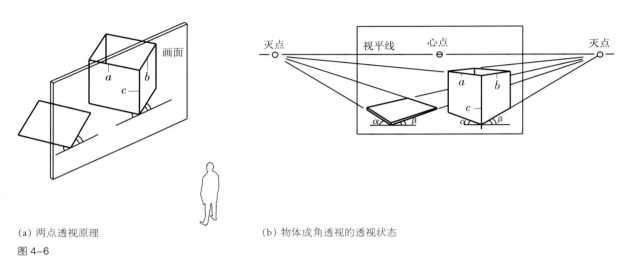

(a) 两点透视原理　　　　　　　　　　　　(b) 物体成角透视的透视状态

图 4-6

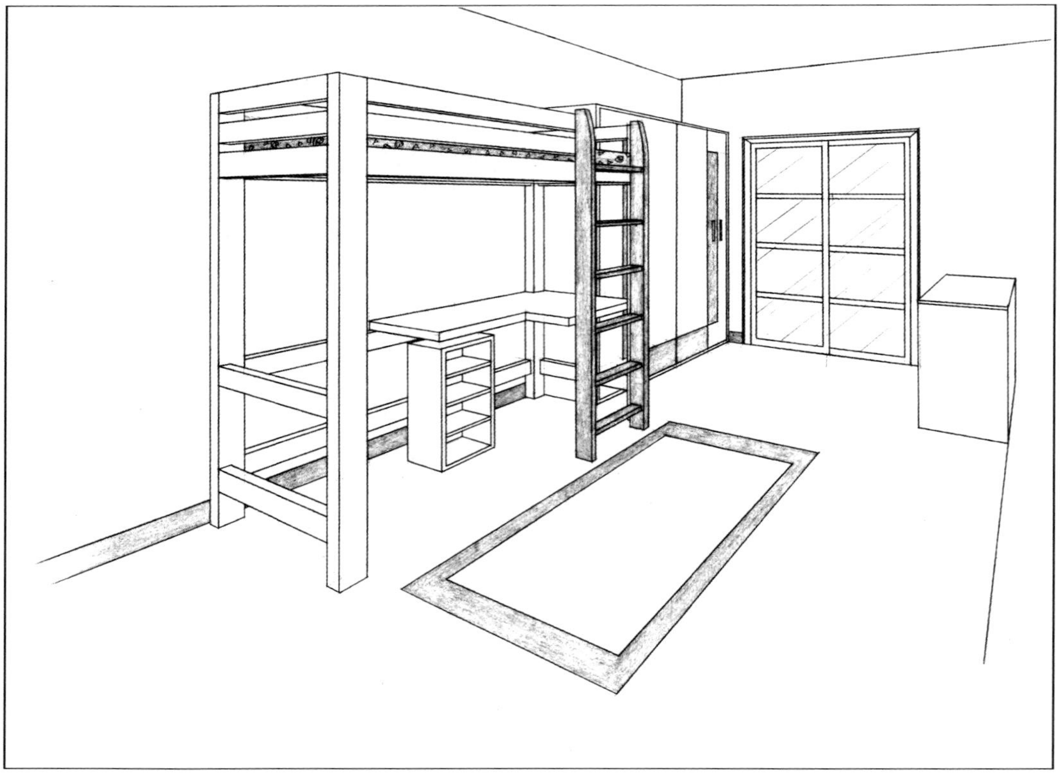

图 4-7　室内两点透视图

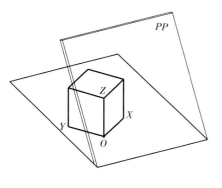

（a）三点透视原理

图 4-8

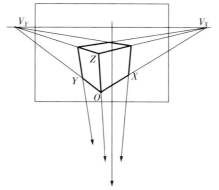

（b）物体三点透视的透视状态

图 4-9　建筑三点透视图

4.2　透视参数的选择与透视效果

在着手绘制透视图之前,应恰当地确定视点(包括视距、视高)、画面和对象三者之间的位置,因为它们将直接影响所绘的透视形象。

4.2.1　影响形体透视形象的因素

（1）视角与视距的影响

人的眼睛能接收到光的部分是半球形的，每只眼大约可以接收到 150°范围的光线,两只眼所看见的范围相加,接近 190°的范围可接收光线。只有当双眼的视野重合时,双眼视觉才会发生。在宽阔的视野内,人们实际关注的焦点在 30°～60°的锥体范围内(图 4-10)。

画者观察物体的视角应控制在 60°以内，大于 60°时就会使透视图产生畸变而失真。同一物体,当站点为 S_1(视距较近)时,两侧边缘视线夹角较大,两个主向灭点的距离过近,形体的水平轮廓线急剧收缩,形象不佳。而站点为 S_2 时,则视距加大,两侧边缘视线夹角变小,两主向灭点的间距加大,水平轮廓线显得平缓,视觉形象较佳(图 4-11)。

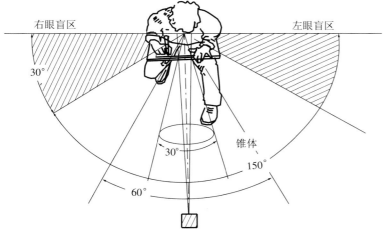

图 4-10　视觉锥体

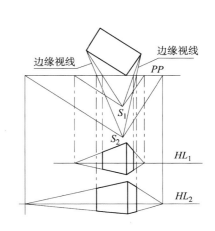

图 4-11　视角对透视图的影响

（2）视高的影响

视高是指画者在观察被画物体时双眼的高度，双眼之间连成一条水平线，这条水平线即是视平线，视平线的高度即是视高。视高的尺度决定了被画物体的透视效果(图 4-12)。物体在视平线下方时，形成的物体透视形象就是俯视；物体处在视平线上方时，形成的物体透视形象就是仰视；物体位置在视平线上、下方均有时，则为平视。

（3）观察角度的影响

观察角度的选择，关系到所绘透视图能否充分反映对象的造型特征。由于视点过于偏左，透视图未能反映对象的全貌(图 4-13 (a))。将视点适当右移，透视效果较好(图 4-13 (b))。

4.2.2 画面位置的选择

（1）画面视距的选择

绘制透视图，恰当地选择视距是至关重要的。为了获得较好的透视效果，首先应了解取景框与视距、视角的关系，以便使取景框能够置于60°视圈内。图 4-14 介绍了几种视距和视角的对应关系，可作为参考。

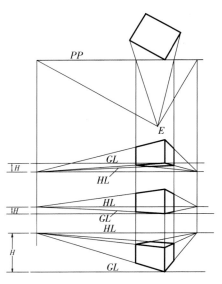

图 4-12 视高对形体透视的影响

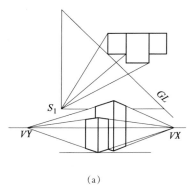

(a)

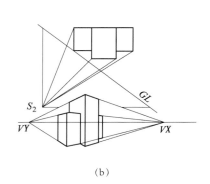

(b)

图 4-13 观察角度对透视形体的影响

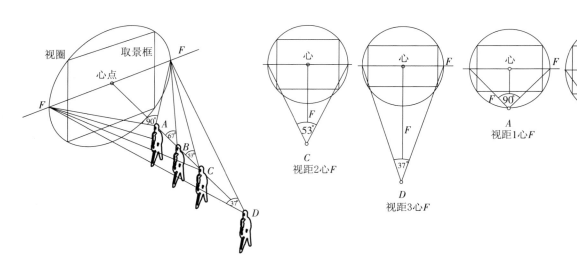

图 4-14 视距与视角的对应关系

38

图中诸画者离取景框的距离不等,视角大小也不同。以视圈半径心 F(心点至 F 点)为基准,画者 A 视距为 1 心 F,视角为 90°;画者 B 视距为 1.5 心 F,视角为 67°;画者 C 视距为 2 心 F,视角为 53°;画者 D 视距为 3 心 F,视角为 37°。一般室内效果图常采用近视距,即视角在 53° ~ 67°之间。

图 4-15 说明根据已定的取景框、视平线和心点的位置,寻求一定视距和视角的视点位置。构图时,心点不一定设在取景框正中,取心点至画框最远角的长度作为视圈半径,以心点为圆心画弧,弧线与心点垂线相交的一点,即 90°视角的视点。依次是视点在 1.5 心 F,2 心 F,3 心 F 处,分别是视角 67°,53°,37°的视点。

(2)画面视高的选择

室内透视图的视高选择,一般参照人体直立时双眼的高度,即 1.5 ~ 1.7 m,特殊情况下则按表现重点需要,抬高或降低视高。图 4-16 (a),(b)均为一般室内绘图的视高点,区别在于图 4-16 (b)视点偏左;图 4-16 (c)视点偏高,侧重表现地面;图 4-16 (d)视点偏下,侧重表现顶部。

(3)画面位置的设置

为了作图更加方便、快捷,通常采用如下方法确定画面位置:画一点透视时,将被画物体平行于画面;画两点透视时,将被画物体最前端(或最后端)的垂直线与画面重合,并使物体与画面形成一定夹角(详见 4.4 成角透视图)。

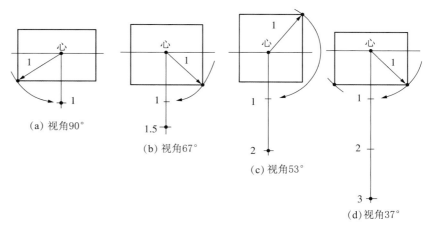

(a) 视角90°　　(b) 视角67°　　(c) 视角53°　　(d) 视角37°

图 4-15　依据画框最远角定视点

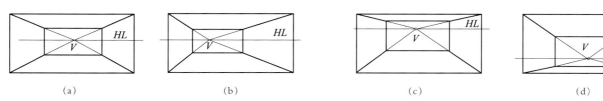

(a)　　(b)　　(c)　　(d)

图 4-16　室内透视中不同的视点位置

4.3 平行透视图

平行透视是最常用的透视形式,也是最基本的作图方式之一。

4.3.1 平行透视特征

从图 4-4 (b) 物体平行透视的透视状态中,我们可以看到透视的规律:立方体边线平行于画面的水平原线,透视方向仍为水平;边线平行画面的垂直原线,透视方向为垂直且等长;与画面成垂直的边线,透视方向"向心点"汇聚。因此,垂直、水平、向心点,是平行透视的基本特征。

4.3.2 平行透视画法

如图 4-4 (b)所示,由于立方体的宽度与高度与画面形成平行关系,所以,在绘图时较容易反映,而表现它向心的透视长度(画面进深),则需要通过测点求得。

测点是透视图上确定直线透视长度的辅助点。任何一簇互相平行的直线具有同一个灭点,也具有一个共同的测点;线段的灭点、真长、透视长和测点之间存在一定的几何关系;当直线的灭点确定后,测点也同时相应地确定了。由于平行透视的测点到视心的距离与视距(视点至视心)相等,一般称之为"距(离)点"。

对于一点透视,由于只有一个主向灭点(即视心)所以与它对应的只有一个"测点 (距点)"。具体画法如下:

(1)用距(离)点法作一点透视图

【例题】 正立方体一点透视图

已知一正立方体,边长为 150,视距 300,视高 200,求作该立方体的一点透视(图 4-17)。

①确定 *HL*(视平线)和 *GL*(基线),设立方体的前侧面 *abcd* 紧贴于画面,使 *bc* 边与 *GL* 重合,画出前侧面的真形,也即其透视,*abcd=a′b′c′d′*。在 *HL* 上适当位置选定视心 *CV*(该图视点位于立方体右侧 100),分别将

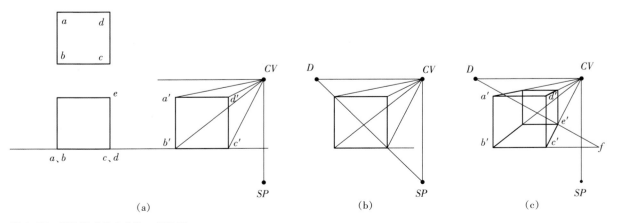

(a)　　　　　　　　　(b)　　　　　　　　　(c)

图 4-17　距点法求作立方体一点透视

a',b',c',d' 与心点 CV 相连,得各垂直于画面的棱线的全透视(直线在画面上的点和它的灭点相连,称为该线的全透视)(图 4-17 (a));

②定测点。由 CV 向左在 HL 上按视距定测点 D,既 $CVD=SPCV$(图 4-17 (b));

③确定立方体右下棱线 ce 的透视长度。在 GL 线上,由 c' 向右量棱线 ce 的真长 150 于 f,连 fD 交 $c'CV$ 于 e',$c'e'$ 即为棱线 ce 的透视长度(图 4-17 (c));

④根据立方体棱线间的垂直、平行关系完成立方体的一点透视作图。

此外,在图 4-18 中,还表示了另一种作图方法:连 Dc' 交立方体左下棱线的全透视 $b'CV$ 于 f',继而完成作图。

可以这样作图的原因是,立方体底面 $bcef$ 的对角线 cf 与画面呈 45°,而 DCV 和 CVS_P 是等长的两条直角边,S_PD 也与画面成 45°,其灭点为 D,与 $c'f'$ 共灭点。如底面非正方形,那么对角线 $c'f'$ 与画面不成 45°,就不能用这种方法。

(2)用距点法作室内网格一点透视

透视网格的绘制法有"由前向后"和"由后向前"两种画法。

【例题】"由前向后"画法(图 4-19)

该例题设所表现的室内空间尺寸为长 6 m、高 3 m、进深 4 m、视高 1.5 m。

根据尺寸按比例画出前框 $abcd$,使 ab 为 6 个单位、bc 为 3 个单位。

①以 ab 为基线,选定适当的视高画视平线（视高线取人体平均高度,1.5~1.7 m）,并在前框范围内的视平线上选定视心 CV(视心位于中间或偏左、偏右,视表达需要而定);

②将 a,b,c,d 各点与视心 CV 相连,得上、下、左、右墙角线的透视(图 4-19 (a));

③按选定的视距在视平线上视心 CV 的左或右侧(现选定为左侧)定出距点 D,并将 ab 上的单位刻度 1,2,3,4 分别与 D 相连,诸连线与 aCV 相交于 $1'$,$2'$,$3'$,$4'$,$a4'=aa'$ 即为进深的透视长度。$1'$,$2'$,$3'$ 为各单位进深的分割点。过 a' 根据后墙的透视是 $abcd$ 的相似形关系,作出后墙的透视 $a'b'c'd'$(图 4-19 (b));

④根据各主向上的分割点,画出网格(图 4-19 (c));

⑤从前向后作图时,画面设在前面,应以 ad 和 bc 作为透视高度的真高线。

【例题】"由后向前"画法(图 4-20)

所谓"由前向后"画和"由后向前"画,实质上取决于画面的位置。上例是将画面设于前端位置,本例则是将画面设在后墙位置,使后墙的透视反映实形,在它之前的图形将大于实际尺寸。在平、立面图较小的情况下,采用由后向前画是较为方便、有利的。具体作法如下:

①选定 GL,HL 按适当比例画出后墙 $abcd$,CV 取在 HL 上适当位置,连 CV 和 a,b,c,d 各点并顺延,画出室内的透视效果(图 4-20 (a));

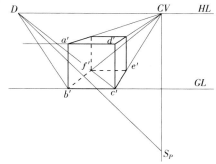

图 4-18 立方体一点透视

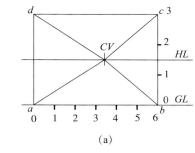

(a)

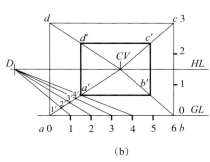

(b)

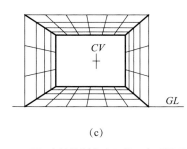

(c)

图 4-19 用距点法绘制室内网格一点透视图（由前向后）

②向右延长 ab 并从 b 点起向右按 Y 轴向进深量定 1,2,3,4 各点，在视平线 HL 上定出距点 D（视距略大于房间的进深），将 D 与 1,2,3,4 各点相连并延长交 CVb，于 1′,2′,3′，即得各单位进深的刻度(图 4-20 (b))；

③将 CV 与 abcd 各边上的单位点相连(图 4-20 (c))；

④按 b4′ 上的 1′,2′,3′,4′各点作 abcd 的相似形，即得所求。最后加粗可见轮廓线(图 4-20 (d))。

从后向前作图时，画面设在后面，用以确定透视高度的真高线要在所设画面上竖立。

【例题】 室内的一点透视图步骤(按由前向后的方法作图)(图 4-21)

①按图 6-4 平面图所提供的空间尺寸，绘制客房的一点透视图。以 m 为单位分割基线(宽度和深度)以及左右墙面(该图例未作墙面基线分割，而是直接在量高线上量取)；在 1.6 m 高处作视平线；确定心点位置；作视角 67°角的距点 D(图 4-21 (a))；

②作地面上的透视网格(图 4-21 (b))；

③在相应的位置上将家具位置绘出（注意家具进深尺寸在距点 D 上量取)(图 4-21 (c))；

④在家具位置做家具的高度垂线(图 4-21 (d))；

⑤以一墙面 A 或 B 为量高线，在量高线上量取家具相等的高度，向视心 CV 连线，并与平面透视图家具位置上的垂线相交，求得家具及设施的透视大轮廓(图 4-21 (e))。继而完成室内的整体透视图。最后加深描粗可见轮廓线(图 4-21 (f))。

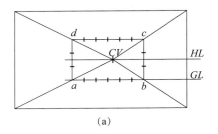

(a)

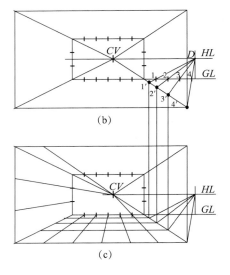

(b)

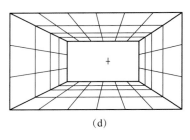

(c)

(d)

图 4-20 用距点法绘制室内网格一点透视图
（由后向前）

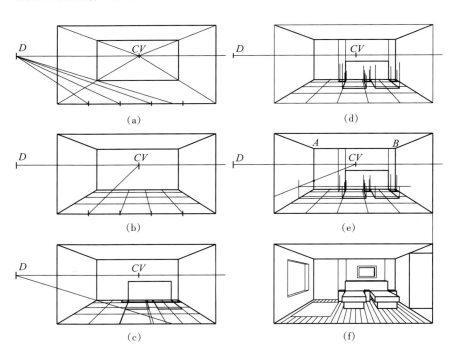

图 4-21 室内一点透视图绘制步骤

4.4　成角透视图

　　与平行透视稳定的透视画面不同的是:成角透视所画的空间与物体都与画面成一定的角度,因此,画面上的立体空间感较强,图面效果比较自由、活泼。

4.4.1　成角透视的基本特征

　　在图 4-6 b,我们可以看到成角透视只有一组棱线,即高度垂线 c 与画面平行,透视方向仍为垂直;a,b 两组棱线同画面分别成一定的角度,向心点的左右方向寻求灭点。因此,垂直、向左灭点、向右灭点,是成角透视的基本特征。

4.4.2　成角透视画法

　　在两点透视中,物体的三个主向 X,Y,Z 一般总是使高度方向——Z 轴处于铅垂状态,与画面平行,所以在画面上没有灭点;而 X,Y 两个轴向与画面成一定的角度,并向左、右两个灭点聚集,这两个轴的透视长度需要利用辅助的测点 M 取得(除了 45°方向消失于距点 D)。

　　在两点透视中,灭点、测点和视点与形体的 X,Y 轴与画面所成角度相关。X,Y 两轴的夹角是直角,而 X 或 Y 与画面的夹角是可变的(视图中的夹角为 50°/40°亦可 60°/30°等)。当夹角确定后,测点也就唯一地被确定。

　　(1)由视点定灭点位置

　　由视点向画面引两条灭点的寻求线,与画面交得 50°/40°余角的左、右两灭点(图 4-22 (a));将视点、视线和诸线条旋转与画面相贴,将寻求灭点的空间关系转为平面(图 4-22 (b)),形成图 4-23 所示的图法。

　　由视点定灭点位置的步骤:见图 4-23。

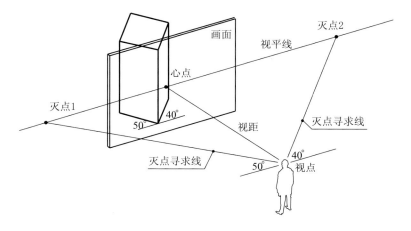

（a）由视点向画面引灭点的寻求线

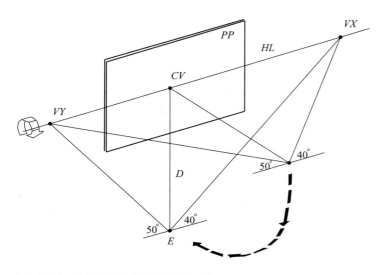

（b）将寻求灭点的空间关系转为平面的图示

图 4-22

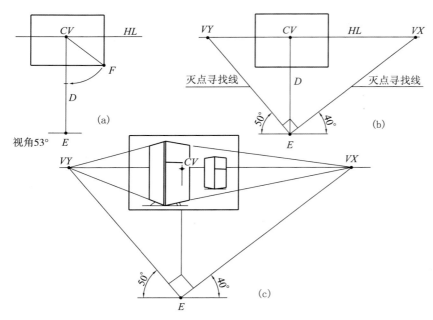

图 4-23　由视点寻求灭点的作图法

①定取景框、视平线和心点；定视点：设视角为 53°（图 4-15），则视点离心点的长度为心点至画框最远角 F 长度的 2 倍；

②求灭点 VX,VY：自视点设立方体的 X,Y 两个轴向与画面成一定的角度，即左侧与画面成 50°，右侧与画面成 40°，两线夹角为 90°；两线与视平线上的交点，即为灭点 VX,VY。

图 4-24，不仅显示了房间 X,Y 两个轴向与画面分别成 65°/25°，寻求墙面灭点 1 和灭点 2 的方法，同时还展示了在 X,Y 两个轴向与画面成 45°角情况下，以视点定灭点 3,4 的方法。

①视角设定为 67°，视点离心点为心点至画框最远角长度的 1.5 倍；

②自视点设房间 X,Y 两个轴向分别与画面成 65°/25°角，两延长线

交视平线的两点,为墙面的灭点 1 和灭点 2;

③ 自视点设 X,Y 两个轴向分别与画面成 45°/45°,两延长线交视平线的两点,即立方体边线汇聚的灭点 3 和灭点 4。

注意:同一场景中不同角度立方体的几对灭点,应从同一视距的同一视点引线寻求。

(2)测点定成角透视的深度

在成角透视中,物体左右两边线段的透视长短,表示成角透视中景物的深度,可由测点 M 来确定,每个灭点都有其专用的测点。为了便于使用,灭点及其测点采用对应的编号,如 VX 和 MX,VY 和 MY。

定测点:分别以某一灭点为圆心,以各灭点到视点的长度为半径作弧,弧线与视平线的交点既是该灭点的测点(以 VY 为圆心 VYE 为半径,作圆弧与画面 PP 上的视平线相交于 MY。以同样的方法即可求得测点 MX)(图 4-25)。

【例题】 用测点法作立方体的两点透视

已知一正立方体,边长为 150,视距 300,视高 200。

① 作立方体 OX,OY 方向直线透视的灭点 VX,VY,并按上述的方法求得测点 MX,MY;

② 在已确定灭点和测点的辅助图形下方作一水平线 GL,并将 O 点作为垂线的量高线(图 4-26)。按已定视高画出视平线 HL,并将已确定

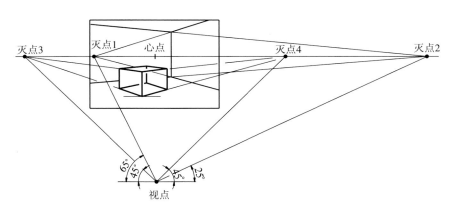

图 4-24 由视点寻求两对灭点

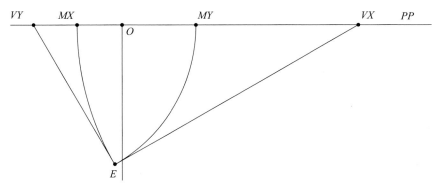

图 4-25 测点的确定

的灭点、测点一一绘出；

③在透视图上连 OVX，OVY 分别为 OX，OY 直线的透视方向；

④在 GL 上由 O 点向右量取 OX 的实长 150，连接该点与 MX 与 OVX 相交于 x，Ox 为 OX 的透视长度。如此一般，获得 OY 方向的透视长度 Oy；

⑤连 xVY，yVX，即得立方体的透视平面(图 4-26 (a))；

⑥确定视高。在 GL 上由 O 作垂线为真高线，在真高线上量取立方体的高度 150 于 ZO，连 ZO，VX 和 ZO，VY 与自平面透视上 x，y 所引垂线相交，为垂边的透视高度，即可得到立方体的透视图(图 4-26 (b))。

从以上作图方法可知，在视平线 HL 上的灭点 VY，VX，测点 MY，MX 和心点 CV 是绘制透视图重要的辅助点，它们的位置主要取决于物体与画面的夹角和视距。在实际作图中，可直接依据平面图纸，计算出视距，并依据表达的重点确定视高以及物体与画面的角度，进而求得测点。

(3)室内成角透视作图方法

【例题】 标准客房成角透视作图步骤

按 6-4 平面图所示景物和尺寸，用测点法作透视网格，画 60°/30° 成角透视的室内透视图；视角 67°，视高 1.6 m(图 4-27)。

根据视高画出视平线和基线，在 GL 上选定一点 O 为作图的起始点；在视平线上按所选择的视角确定视距(本图视角为 67°，视距为 1.5 倍)，定灭点 VX，VY，并应用上述方法确定测点 MX，MY。

①设墙角线为量高线，量取房间高 2.6 m；在 GL 上由 O 点起，按平

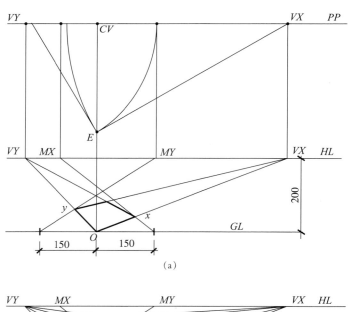

(a)

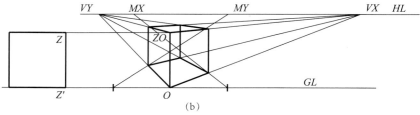

(b)

图 4-26 立方体的两点透视

面图尺寸,量取房间左墙宽约 3.8 m,右墙 4.8 m,并以米为单位分割诸量线(图 4-27 (a));

②自墙角线(量高线)的两端,引线分别与 *VX*,*VY* 相交;并向另一侧延长,画出室内的透视状态(图 4-27 (a));

③自测点 *MX* 引线过左墙量线诸分割点与左墙脚线相交,得到左边墙体尺寸的透视分割;自测点 *MY* 引线过右墙量线诸点,将右墙脚线作同样尺度分割;自 *VY*,*VX* 分别过左右墙脚分割点,两组线相交即完成地面网格(图 4-27 (b));

④自左、右墙脚各分割点向上引垂线,再自 *VX*,*VY* 引线过量高线上诸分割点,与诸垂线相交得左、右墙面网格(图 4-27 (c));

⑤画家具等物件。按平面图示长宽位置,在地面上相应的透视网格中画出家具底面的透视;在底面四角竖垂线,并在量高线上寻求家具高度;引线与 *VX* 或 *VY* 相连,即求得家具的透视高度。如靠墙的家具尺寸

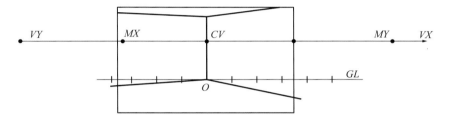

(a) 室内整体透视状态的确定

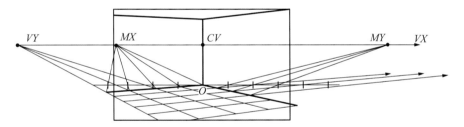

(b) 室内地面网格的绘制

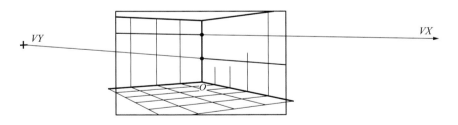

(c) 室内墙面网格的绘制

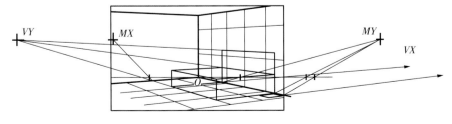

(d) 室内家具的绘制步骤

图 4-27

可由墙面网格直接取得(图 4-27 (d)),图 4-28 为完成稿。

图 4-29 提供了近似值定位的方法,记住他们的位置关系,可方便作图。

图 4-28　室内成角透视图完成图

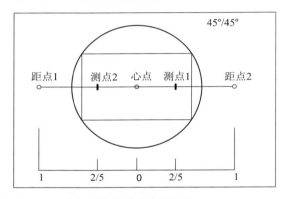

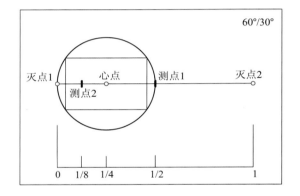

图 4-29　成角透视近似值定位的方法

4.5　一点透视、两点透视效果图实例

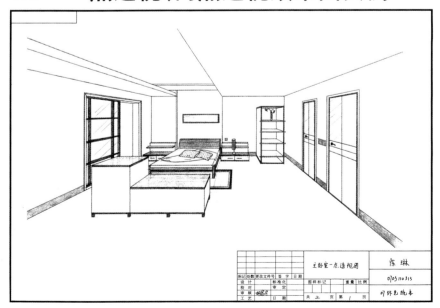

(a) 室内一点透视效果图

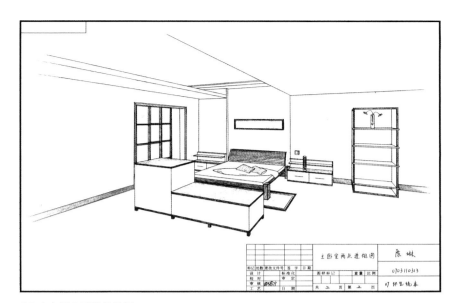

（b）室内两点透视效果图

图 4 - 30

（a）室内一点透视效果图

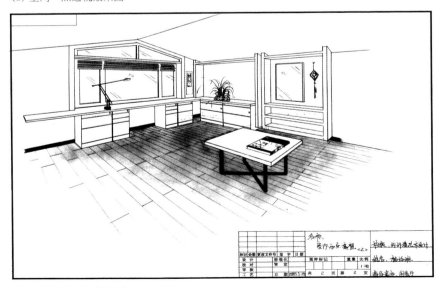

（b）室内两点透视效果图

图 4 - 31

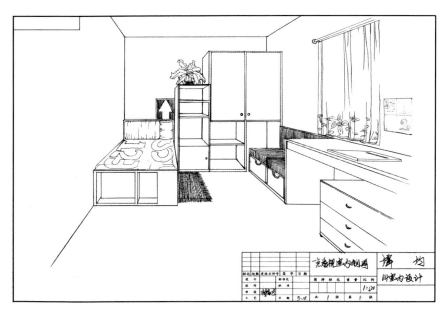

(a) 室内一点透视效果图

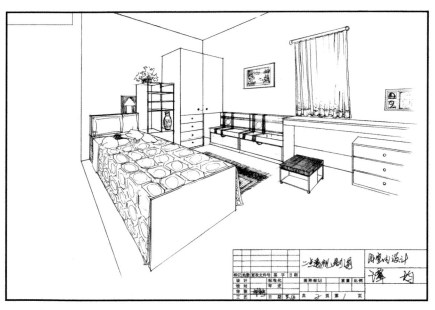

(b) 室内两点透视效果图

图 4－32

4.6　透视快捷辅助的画法

　　在绘制透视图时,为了使作图更加准确快捷,采用一些快捷辅助作图法,往往会收到事半功倍的效果。下面介绍几种常用的快捷辅助作图法。

4.6.1　透视矩形的分割与延伸

　　利用矩形对角线的透视,可以把矩形等分、分割,作连续图形和对称图形等。

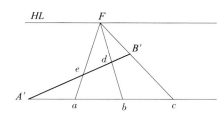

图 4-33 基平线的透视

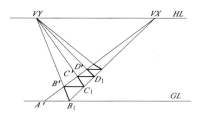

图 4-34 连续等长分割

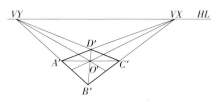

图 4-35 基平面矩形的纵、横等分

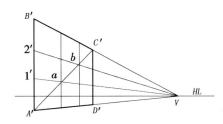

图 4-36 基垂面矩形垂直和水平三等分

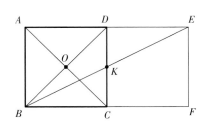

(1)基平线的透视分割

已知基平线 AB 的透视 $A'B'$,欲将它作三等分(图 4-33)。

过 A' 作线平行基线,在线上量定 $A'a = ab = bc$,连 cB' 并延长后交 HL 于 F,连 Fb,Fa 交 $A'B'$ 于 d,e,即为所求等分点。

(2)基平线的连续等分割

已知基平线的全透视 $A'VX$,并知第一个等分点 B',欲将此线按此间距连续等分割(图 4-34)。

在 HL 上任取一点 VY,连 VY,B' 交 GL 于 B_1,连 B_1,VX 与过 B' 的水平线交于 C_1,连 C_1,VY 交 $A'VX$ 于分割点 C',按此重复作图即得所求。

(3)基平面(平行于基面的平面)和基垂面(垂直于基面的平面)矩形的分割。

①基平面矩形的纵、横等分 已知基平面矩形的透视图 $A'B'C'D'$,要求在 X,Y 两个方向上将其等分。根据矩形(包括正方形)的对角线相交于中点的几何关系,连 A',C' 和 B',D' 相交于中心 O',由 O' 分别与 VY,VX 连线,该两连线将矩形纵、横等分(图 4-35)。

②基垂面矩形垂、平三等分 已知基垂面的透视图 $A'B'C'D'$,欲将其作垂直和水平方向各三等分。根据 $A'B'$ 可知其为空间的一条铅垂线,它的透视分割与实长分割成同比,所以,只要将 $A'B'$ 三等分,得分割点 $1'$,$2'$,连 $2'$,V 和 $1'$,V 即将矩形沿水平方向三等分。连对角线 $A'C'$ (或 $B'D'$)与 $1'V$,$2'V$ 交于 a 和 b 两点,过 a 和 b 作 HL 的垂线即得矩形沿铅垂方向将矩形三等分(图 4-36)。

(4)矩形面的倍增

已知基平面 $A'B'C'D'$,要以此为基础,求作与之等大的矩形透视图。

① 在 $A'B'C'D'$ 中作对角线求出矩形中心的透视 O'。连 O',VX 交 $C'D'$ 于 K',连接 B',K' 并延长交 $A'VX$ 于 E' 点。连 E',VY,反向延长交 $B'VX$ 于 F' 点(图 4-37 (a));

② 如矩形为铅垂位置时,过 E' 作垂线交 $B'V$ 于 F' (图 4-37 (b))。$C'D'E'F'$ 就是矩形 $ABCD$ 相邻且等大的 $CDEF$ 的透视,依此类推,可以作出任意多个连续的等大的矩形透视。

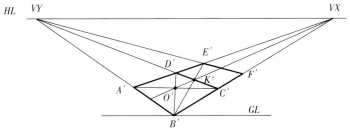

(a)水平位置矩形面的倍增

(b)铅垂位置矩形面的倍增

图 4-37

4.6.2　圆的透视图

作圆的透视图,除了它平行于画面时,根据它重合于还是远离于画面的情况,圆的透视反映为实形圆或直径变化了的圆之外,其余情况下圆的透视图均为椭圆。作椭圆时,一般采用"八点法"或"十二点法"。

(1)八点法画圆

在平面图上,画出圆的外切正方形(图4-38 (a))。圆周同正方形边框切交于四点,又同两条对角线相交于四点,共八个点。如果能在透视正方形中确定这八个点的相应位置,就可以画出圆周的透视。

边长为 AB 的平行透视正方形(图4-38 (b))。根据(a)图,以对角线交点 O 为圆心;过 O 点作水平线和向心点线,两线与透视的正方形外框交得四个点;将圆周与对角线相交的四个点两两相连,连线将 AE 和 BE 各分为3比7(系近似值);自分割点引线向心点,线交对角线得四点,共八个点;用弧线连接八个点,即透视圆面。

圆周对画面没有平行和成角之分。用平行透视和成角透视方框作出的透视圆效果相同。

成角透视圆的画法。在平面图上画出圆外切正方形的基础上(图4-39),按成角透视的方法作出正方形的透视;画对角线,求得中点 O;作出中线的透视,得到图上的四个切点 EFGH;在 GL 线上自 A 点起作两个7比3分割,利用量点法求得正方形透视图上的各分割点;由分割点引线向 VY 点,引线与对角线相交得四个点;连同方框边线上四点,用八点画圆。

(2)十二点法画圆

用十二点法作圆的透视——椭圆的方法(图4-40)。

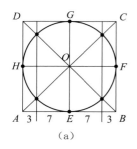 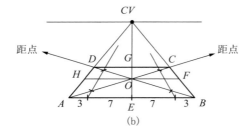 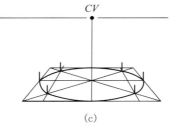

(a)　　　　　　　　　　(b)　　　　　　　　　　(c)

图4-38　八点画圆

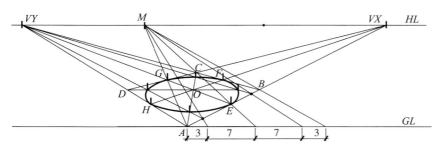

图4-39　八点法画圆

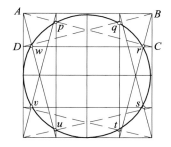

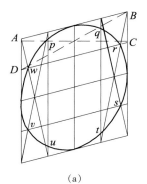

(a)

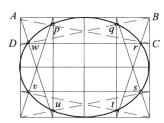

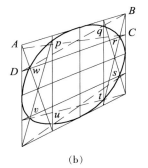

(b)

图 4-40　十二点法画圆

4.6.3　任意平面曲线形的透视图

作任意平面曲线形的基本方法是利用网格框定曲线形,然后将网格作成相应的透视图,再将曲线形上的若干点从正投影图移植到透视网格上,再用圆滑的曲线相连(图 4-41)。

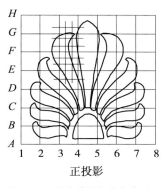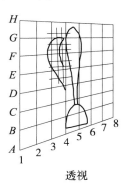

正投影　　　　　　　透视

图 4-41　网格法画任意曲线形

本章要点

(1)透视的概念

透视图是根据中心投影原理绘制而成的立体效果图样。透视图样的特点有:等高的物体呈近高远低;等距的物体呈近疏远密;等体量的物体呈近大远小的现象;物体上平行的直线,无限延长后相交于一点。

(2)透视图的分类

根据物体主向棱线与画面的相对位置的不同,透视图分为平行透视(一点透视)、成角透视(两点透视)、倾斜透视(三点透视)。

(3)平行透视图画法

在平行透视视图中,物体的宽度、高度与画面平行,只有长度与画面成垂直关系,因此垂直、水平、向心点是平行透视的基本特征。在实际作图时,通常将画面与被画物体的主立面重合,使平行于画面的水平线,透视亦为平行的水平线;平行与画面的垂直线,透视亦为平行的垂直线;而与画面成垂直状态的直线,则通过距点(D)求得其透视进深且向心点(CV)消失。

(4)成角透视图画法

在成角透视视图中,物体只有一组主向棱线(高度)与画面平行,另外两组棱线与画面成倾斜状,因此垂直、向左灭点、向右灭点是成角透视的基本特征。在实际作图时,一般总是使高度方向的棱线与画面平行,另两组棱线与画面形成一定的角度,并向左、右两个灭点 VX, VY 聚集;除了 45° 方向的棱线利用距点(D)测量透视长度外,其他角度的透视长度均需要利用辅助的测量点(M)取得。

(5)作透视图的程序

作透视图的原则首先要真实地再现物体或工程的实际效果,其次要方便快捷。

①透视画法的确定。作图前应充分熟悉图纸,根据要表达的内容,选择合适的透视画法;

②视点、视距、视高的选择。依据平面图确定视点和视距,并根据表现的要求(平视、俯视、仰视)确定视高。具体在图纸上体现,便是定画面 PP、基线 GL、视平线 HL、灭点 V 和距点 D;

③完成透视平面图。按选定的透视作图方法画出物体或室内框架的空间结构

和主要家具的透视平面图;

④透视高度的确定。在基线 *GL* 上 *O* 点引垂线为真高线,用以确定处于不同位置、不同高度的物体,进而完成透视的大轮廓;

(6)掌握透视快捷辅助的画法

利用各种快捷辅助作图法来确定空间形体基本的透视轮廓,往往会收到事半功倍的效果。常用的辅助作图法有:透视矩形的分割与延伸、圆的透视、任意平面曲线形的透视。

思考题

1.透视图是怎样形成的? 有何特点?

2.透视图有几类?都是在什么情况下形成的?

3.视线的高低是否会影响透视效果?

4.室内透视中视点位置如何选取? 视点位置与透视效果的关系如何?

5.在一点透视中,从心点到距点的距离与视距有什么关系?

6.在两点透视中,如何确定灭点的位置? 如何确定测点的位置以及用测点定景物深度?

7.透视图中的线段如何进行等比分割? 透视矩形如何等分?

8.圆和任意平面曲线形的透视如何绘制?

9.选择一建筑的平、立面图,绘制其两点透视图。

10.选择一室内的平、立面图,绘制其一点透视图。

5 建筑工程制图

教学引导

● 教学目标:通过本章学习,使学生初步了解建筑工程制图的相关知识。掌握建筑工程制图的国家标准和绘图方法,训练空间想象能力,完善专业相关知识体系。

● 教学手段:通过建筑工程制图的理论知识讲解和图解分析,说明建筑工程制图的基本原理和方法,结合绘图练习,强化理论重点,巩固本章知识。

● 教学重点:建筑工程图中各种图纸的用途、图示内容、表达方法和绘图步骤,是本章学习内容的重点。

● 能力培养:通过本章教学,使学生能全面系统的学习建筑工程制图的知识,培养阅读和绘制建筑工程图的能力,为后续课程的学习和将来的设计工作打下良好的基础。

5.1 建筑工程图的基本知识

5.1.1 建筑物的分类

建筑是人们根据使用的需要,满足使用功能,通过一定的物质技术条件建造的构筑物。建筑物的分类方法很多,可以按照建筑的使用性质分类,可以按照建筑的高度分类,也可以按照建筑的结构材料进行分类。例如:按照建筑的使用性质分类,可以分为工业建筑,农业建筑,民用建筑。其中民用建筑又可以分为居住建筑和公共建筑两类。按照建筑的高度分类可以分为低层建筑、多层建筑、中高层建筑、高层建筑和超高层建筑。按照建筑的结构材料分类可以分为砖混结构、钢筋混凝土框架结构、钢结构等。

5.1.2 建筑的基本构造

各种建筑无论其使用性质,规模大小,构造方式有何不同,其构成建筑的主要部分是一致的,基本上都是由基础、墙柱、楼地层、楼梯、屋顶、门窗六大部分组成。除此之外,一般建筑还有台阶、雨篷、散水、阳台等附属构件,这些建筑的构造在建筑的不同部位起到不同的作用(图5-1)。

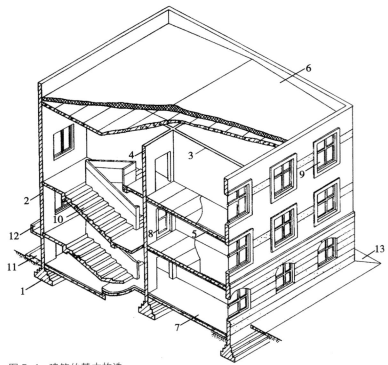

图 5-1 建筑的基本构造

1—基础;2—外墙;3—内横墙;4—内纵墙;5—楼板;6—屋顶;7—地坪;

8—门;9—窗;10—楼梯;11—台阶;12—雨篷;13—散水

5.1.3 建筑的设计程序

任何一个建筑物的建造都要经过两个过程:一是建筑设计,二是建筑施工。建筑设计是根据一定的客观条件,将富有创意的建筑设计构思,以绘图形式表达出来的过程。所绘图纸称建筑工程图。在民用建筑设计的过程中一般分为方案设计、初步设计和施工图设计三个阶段,相应的各个阶段的建筑工程图称为建筑方案设计图、建筑初步设计图和建筑施工设计图,三个阶段的工程图的绘图方法和制图标准都是一样的,区别在于图纸表达内容的深入程度不同。方案设计图的内容最少,深度最浅,施工设计图的内容最多,深度最深。

5.1.4 建筑方案设计图的文件组成

建筑方案设计图一般由首页图(包括图纸目录、设计说明等)、基本图(包括总平面图、各层平面图、立面图和剖面图)和详图三大部分组成。本教材以民用建筑方案设计图为例,介绍建筑总平面图、平面图、立面图、剖面图的形成原理,绘制内容,绘图步骤等。

5.1.5 建筑方案设计图中的图纸规范

(1)图线

图线的基本宽度为 b,b 的值可以从以下线宽中选择:0.18,0.25,0.35,0.5,0.7,1.0,1.4,2.0 mm。不同的图样应根据复杂程度与比例大小确定 b 的宽度。建筑工程图的线宽一般取 $b=1.0$。

（2）剖切符号

详见"2.4 断面图与剖面图"

（3）索引符号和详图编号

图样中的某一局部需要另见详图,应用索引符号索引详图。索引符号为直径 10 mm 的圆,用细实线绘制(图 5-2 (a))。

详图可画在同一张图纸内,也可画在其他相关的图纸上。如详图与被索引的图样放在一张图纸内,索引符号的上半圆内用阿拉伯数字表示详图编号,下半圆内画一段水平细实线(图 5-2 (b));如详图与被索引图样不在同一张图纸上,索引符号的上半圆内用阿拉伯数字表示详图的编号,下半圆内用阿拉伯数字表示详图所在图纸的编号(图 5-2 (c));所引出的详图如采用标准图,应在索引符号水平直径的延长线上加注该标准图册的编号(图 5-2 (d))。

索引符号如用于索引剖视详图,应在被剖切的部位绘制剖切位置线,并从引出线引出索引符号,引出线所在的一侧应为投射方向(图 5-3)。

详图的位置和编号,应以详图符号表示。详图符号的圆为直径 14 mm 粗实线绘制。

如详图与被索引的图样在同一张图纸内,详图符号内用阿拉伯数字标注详图的编号(图 5-4 (a));如详图与被索引的图样不在同一张图纸内,应用细实线在详图符号内画一水平直径,在上半圆内标注详图的编号,下半圆内标注被索引图纸的图号(图 5-4 (b))。

（4）定位轴线

定位轴线是划分建筑主要承重构件,并确定其相对位置的基准线,同时也是建筑施工放线、设备定位的依据。建筑工程图中的定位轴线用细点画线绘制。定位轴线的编号标在轴线端部的圆内,圆为细实线绘制,

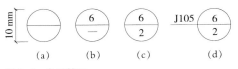

图 5-2　索引符号

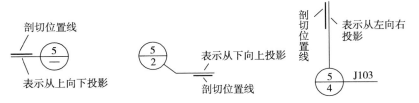

图 5-3　用于索引剖面详图的索引符号

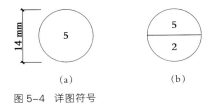

图 5-4　详图符号

直径 8 mm,圆心在轴线的延长线上。建筑平面图的定位轴线编号,标在图样的下方和右侧,横向编号采用阿拉伯数字,竖向编号采用大写英文字母,其中 I,O,Z 不使用,字母数量不够用时,采用双字母或字母加数字的方式(图 5-5)。

附加轴线的编号用分数表示,符合如下规定:两根轴线间的附加轴线,以分母表示前一根轴线的编号,分子表示附加轴线的编号,编号用阿拉伯数字顺序编写。1 号轴线和 A 号轴线之前的附加轴线分母以 01,OA 表示,分子表示附加轴线的编号,编号用阿拉伯数字顺序编写(图 5-6)。

(5)常用建筑材料图例(图 5-7)

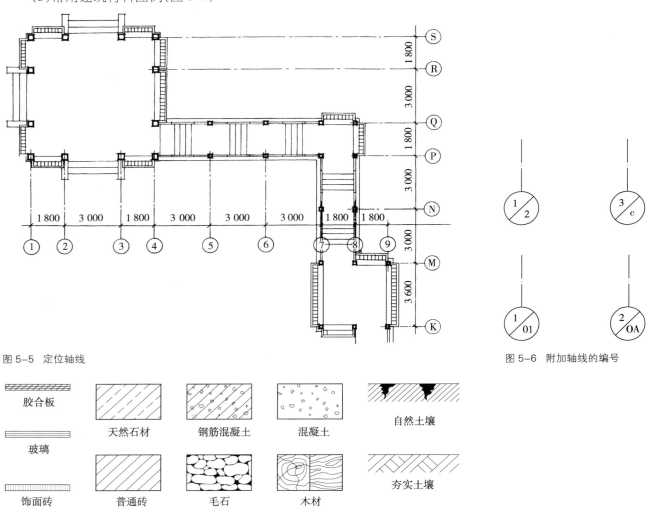

图 5-5 定位轴线

图 5-6 附加轴线的编号

图 5-7 常用建筑材料图例

5.2 建筑总平面图

5.2.1 建筑总平面图的定义

在画有等高线或标注坐标方格网的地形图中,画上已有建筑和新建建筑的外轮廓的水平投影图称为建筑总平面图,简称总平面图。总平面图反映新建建筑的位置、朝向与已有建筑、道路位置关系,以及地形、绿化、建筑容积率及建筑密度等技术经济指标的重要图样,为后续设计提供依据。

总平面图由土方图、总平面布置图、竖向设计图、道路详图、绿化布置图和管线综合图组成。对简单的工程可以不画土方图、管线综合图。只将总平面布置图、竖向设计图、道路详图及绿化布置图绘在一张图样中。

5.2.2 总平面图的绘制内容和识图方法

根据《建筑工程设计文件编制深度规定》总平面图中表示以下内容:

①图样的比例,图例及相关文字说明。一般总平面图由于范围较大,所以采用较小的比例尺。如1:500,1:1 000,1:2 000等,总平面图的标注尺寸以米为单位。

②根据总平面图可以了解工程的性质、用地的范围、地形地貌与用地环境。

③总平面图中的房屋图样有三种类型:一是已建建筑,用粗实线表示;二是新建建筑,用双粗线表示;三是规划建筑,用中虚线表示。

④根据定位坐标、道路红线,可以了解新建建筑的用地范围,建筑与道路的距离。

⑤根据定位尺寸可以了解建筑的长宽尺寸。

⑥根据建筑的标高和等高线,可以了解场地的地势,并计算填挖土方量,总平面图总的标高以米为单位,精确到小数点后两位。

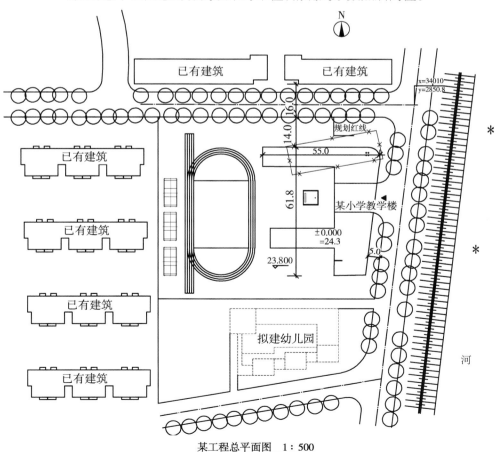

某工程总平面图 1:500

图5-8 环境工程平面图

⑦根据绿化图例,可以了解场地内的绿化布置形式,乔、灌木的数量与建筑的位置关系等。

⑧根据指北针或风玫瑰图,可以了解建筑的方位、朝向和该地区的常年风向频率。

⑨根据技术经济指标,可以知道建筑的容积率、建筑密度、绿化率和车位泊数等(图 5-8)。

5.3　建筑平面图

建筑平面图是建筑工程图中最基本、最主要的图纸,它从整体上表达了建筑物全部构件的平面位置,它与立面图配合表示了建筑的外部造型。平面图是其他工种进行设计和制图的依据,也是立面图与剖面图的设计依据,所以平面图是最重要和最全面的。

平面图上所绘制的内容可以分为图形符号、文字说明、尺寸标注三大部分,了解这一点,对识图和制图时保证条理清晰是非常重要的。

5.3.1　建筑平面图的形成与作用

假想用一个水平的切面沿着门窗洞上的位置将建筑水平剖切后,将上部分建筑移去,并对切面以下的建筑部分做水平投影图,称建筑平面图,简称平面图。它反映出建筑的平面形状、大小、墙与柱的位置以及房间的布置、尺寸等情况。

一般建筑有几层就应该画出几个平面图,但如果楼层中的几层建筑布置内容一样,相同楼层可以用一个平面图表示,称为标准层平面图。并在图样的下方注明图名,如底层平面图,二层平面图,三层平面图等。底层平面图除本层室内情况外,还应画出本层室外情况,如台阶、花池、散水等形状和位置。其他层平面图还需要画出室外雨篷和阳台。屋面平面图是房屋顶面的水平投影。

平面图上的线型粗细要分明,凡是被剖切的墙体、柱等物体的截面轮廓线用粗实线表示,没有被剖切到的物体轮廓线,如门窗开启线、台阶、踏步、窗台、尺寸标注线等用细实线表示(图 5-9)。

5.3.2　建筑平面图的绘制内容及识图方法

①从图中可以了解该图是哪一层的平面图,比例是多少。

②在底层平面图中应画有指北针,表明房屋朝向。

③从平面图的形状及长、宽尺寸,可以计算出房屋的用地面积。

④从图中墙的分隔情况和房间的名称,可以了解房屋的用途、数量及相互关系。

⑤从定位轴线的编号及间距,可以了解承重构件的位置及房间的大小。

⑥在底层平面图中应有室内标高,室外地坪应有相对标高,可以得

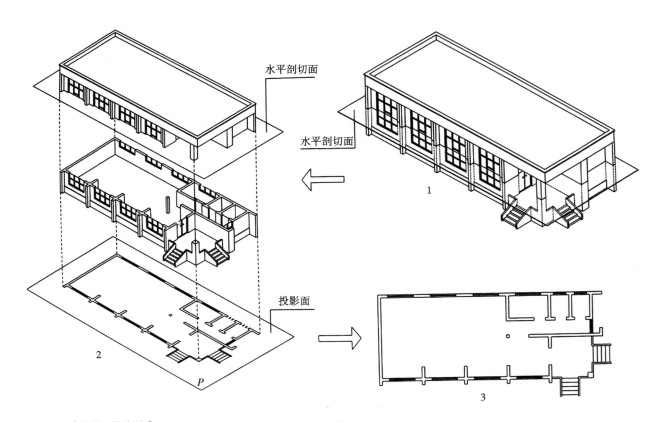

图 5-9 建筑平面图的形成

1—水平剖切面；2—剖切和正投影；3—建筑平面图

出底层室内外地面的高度差。

⑦平面图中的尺寸标注应有三道。第一道表示建筑外轮廓的总体尺寸，从一端外墙边到另一端外墙边；第二道尺寸表示轴线间的距离，用以说明建筑的开间和进深的尺寸；第三道尺寸表示各细部的位置和大小，如门窗的位置和大小，柱的位置和大小等。

⑧在底层平面图中应表示出室内外台阶、花池、散水的位置和大小。

⑨在底层平面图中应画出剖切符号，剖切面选在层高空间变化较多，具有代表性的部位(图 5-10)。

5.3.3　建筑平面图的绘图步骤

根据图纸大小和建筑的实际尺寸，确定绘图比例。一般建筑平面图采用 1:50,1:100,1:200 的比例。选择图面布局，留出尺寸标注的空间。

①画出定位轴线和附加轴线或墙体中心线(图 5-11 (a))。

②根据建筑的承重及墙体的结构，绘制墙体的厚度线（图 5-11 (b)）。

③画出门窗洞的位置、大小，柱子的位置和大小，台阶、楼梯等其他可见物的轮廓。按照平面图线形的要求，用墨线加粗墙柱轮廓线(图 5-11 (c))。

④按照尺寸标注的要求，进行尺寸标注，先标小尺寸，再标大尺寸。最后绘制剖切符号、指北针等其他图例，注写图名比例，文字说明(图 5-11 (d))。

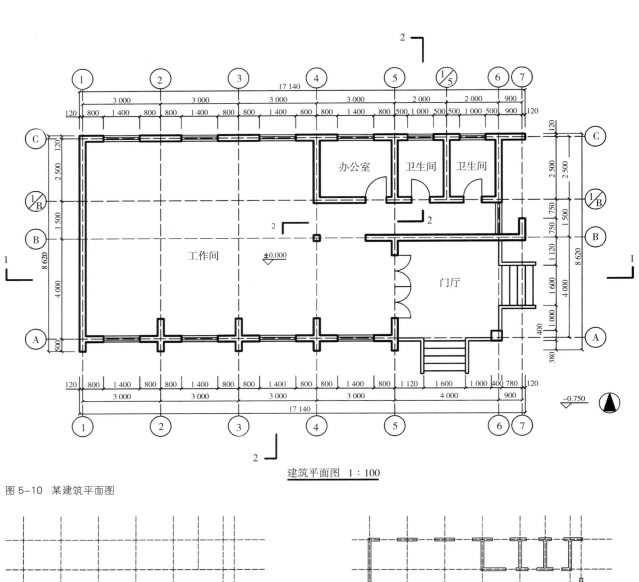

图 5-10 某建筑平面图

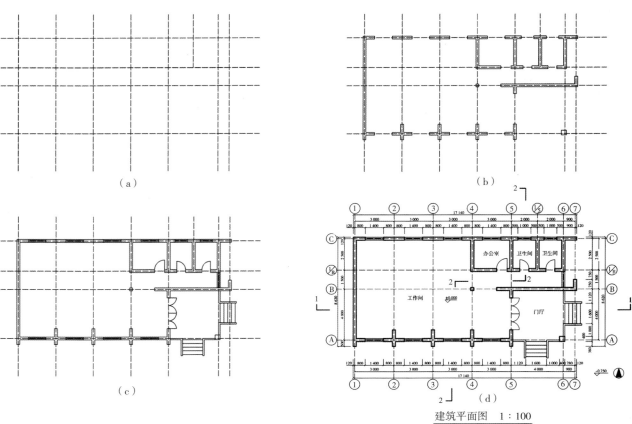

建筑平面图 1：100

图 5-11 建筑平面图绘制步骤

5.4 建筑立面图

5.4.1 建筑立面图的形成与作用

在与房屋立面平行的垂直投影面上所做的建筑正投影称建筑立面图,简称立面图。其反映建筑的外貌和立面的装修做法。立面图可以用建筑的朝向命名,如东立面、西立面等,也可以用轴线符号来命名,如1-8立面,A—P立面等。立面图上应将看见的细节局部都表示出来,由于立面图的比例较小,门窗、屋檐、阳台及栏杆等可以用图例符号来表示。

在立面图中为了使外形清晰、层次分明,需要选用不同的线型,外墙、屋脊轮廓用粗实线表示,勒脚、窗台、阳台、雨篷及台阶等轮廓用中实线表示,门窗、栏杆等细节用细实线表示(图5-12)。

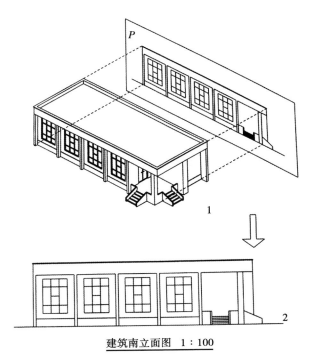

建筑南立面图 1:100

图5-12 建筑立面的形成

1—正投影过程;2—建筑立面图

5.4.2 建筑立面图的绘图内容及识图方法

①从图名可以得知建筑立面的朝向;

②从图样中可以得知建筑立面的外貌、层数,了解屋面、门窗、雨篷、阳台、台阶及花池等细节的分布和形状;

③从立面图的标高中可以了解建筑的总高、层高等。一般应该在室外地坪、一层出入口地面、勒脚、窗台、门窗顶、檐口及屋顶处进行标高;

④图上应该标注外墙表面的装修做法,可以用图例加文字的形式;

⑤立面图中不得绘制阴影、配景等(图5-13)。

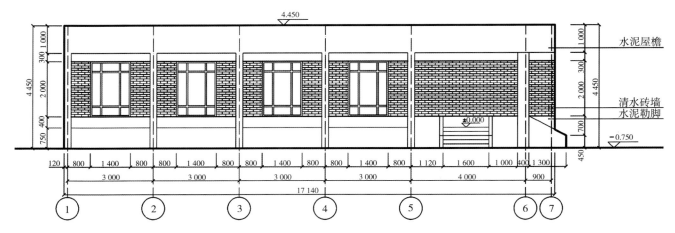

图 5-13　建筑立面图

5.4.3　建筑立面图的绘图步骤

　　根据建筑总高、图纸大小确定图纸比例,立面图的比例可以和平面图不同,常用 1:100 或 1:200,以减少图幅数量,方便看图。选择图面布局,留有标高空间。

　　①先画地平线,外墙中心线,外墙厚度线,屋顶高度线,屋面高度等;

　　②画每层的高度,门窗的位置与高度,出檐的宽度和厚度;

　　③绘制门窗、屋檐、雨篷、阳台、台阶及花池等细节;

　　④按照线型要求用墨线加粗线型。进行标高,注写图名和比例(图 5-14)。

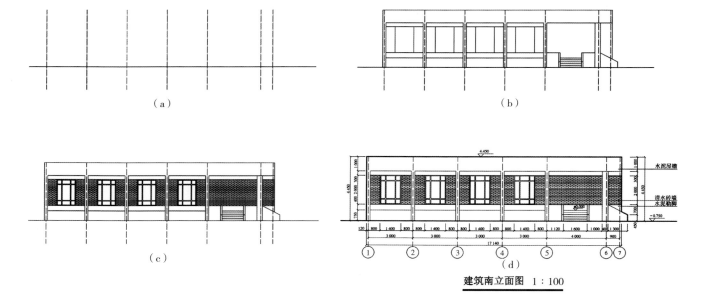

图 5-14　建筑立面图的绘制步骤

5.5 建筑剖面图

5.5.1 建筑剖面图的形成与作用

建筑的剖面图是假想用一个垂直于地面的铅垂切面将房屋剖开,移去一部分,并对剩下的部分作垂直面上的投影,所得投影图为建筑剖面图,简称剖面图。其反映建筑的内部结构形式、分层情况、各部分联系、建筑材料及高度。根据建筑的具体情况来确定剖面图的数量。剖切位置的选择应充分表现房屋内部构造比较复杂与典型的部位,并且切过门窗洞的位置。如为多层房屋,还应剖切过楼梯间处。

在剖面图中,为了使图形清晰层次分明,需要选择不同的线型表示不同的位置,被剖切到的外墙和屋顶用粗实线表示,没有被剖切到的物体用中实线表示,其他细节用细实线表示。剖切图名编号与平面图上的剖切编号要一致(图 5-15)。

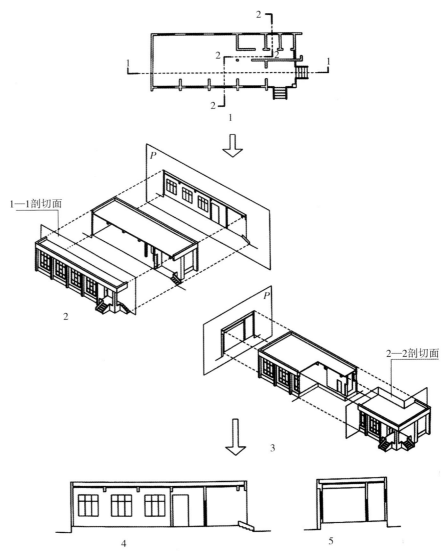

图 5-15 建筑剖面图的形成

1—标有剖切符号的建筑平面图;2—1—1 剖面的形成;

3—2—2 剖面的形成;4—1—1 剖面图;5—2—2 剖面图

5.5.2 建筑剖面图的绘制内容和识图方法

①从图名、轴线编号及平面图上的剖切位置相互对照,可以看到剖切位置所表示的内容;

②剖面图中被剖切开的构件或截面应画上材料图例;

③剖面图中画出从地面到屋面的内部构造、结构形式、位置及相互关系;

④图上应标注房屋的内部尺寸与标高;

⑤房屋的地面和屋面的构造材料应用文字加以说明;

⑥房屋倾斜的屋面应用坡度来表示倾斜的角度;

⑦有转折的剖面图应在剖面图上画出转折剖线以方便识图 (图5-16)。

5.5.3 建筑剖面图的绘图步骤

根据房屋高度、图纸大小确定图形比例。选择图面布局,留有标注空间。

①先画出室外地坪线;

②绘制墙体的中心结构线、外墙的厚度、每层高度、楼板厚度及屋顶结构线等;

③绘制门窗洞的位置、高度、宽度等。画出门窗、台阶、楼梯等可见轮廓的细节;

④按照线型,用墨线加粗。进行标高、标注图名、比例及文字标注(图5-17)。

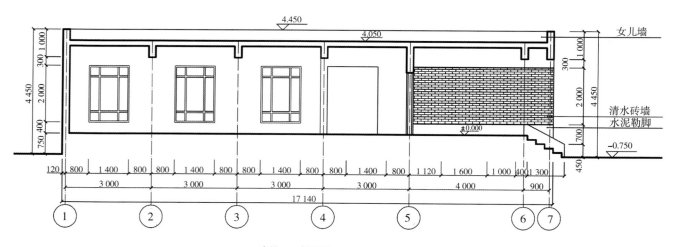

建筑1—1剖面图 1:100

图 5-16 建筑剖面图

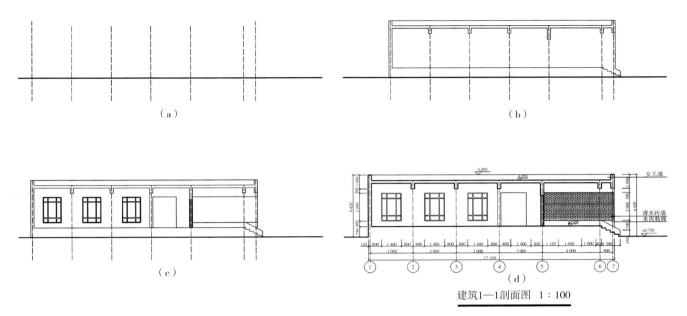

（a）

（b）

（c）

（d）

建筑1—1剖面图 1：100

图 5-17 建筑剖面图的绘制步骤

5.6 楼梯详图

楼梯是建筑中的垂直交通设施，是建筑的重要组成部分，楼梯按照材料可以分为：钢筋混凝土楼梯、钢楼梯、木楼梯等；按照使用性质可以分为：主要楼梯、辅助楼梯、疏散楼梯、消防楼梯等；按照平面组织形式分为：单跑直楼梯、双跑直楼梯、双跑平行梯、三跑楼梯等。楼梯一般由楼梯段，楼梯平台、中间平台及栏杆扶手组成。

楼梯详图一般包括：平面图、剖面图及踏步详图等，绘图时尽可能画在同一张图纸内。平面图、剖面图的比例要一致，以便对照阅读。楼梯平面图一般画出底层平面、中间层、顶层三个平面图即可（图 5-18）。

5.6.1 楼梯平面图的形成

用假想的水平切面，在该层往上走的第一楼梯段（楼梯平台与中间平台）的任意位置水平剖切，将上一部分移去，留下部分的水平正投影为楼梯平面图。

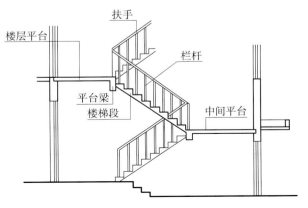

图 5-18 楼梯的组成

5.6.2 楼梯平面图的绘图内容与识图方法

①在平面图中应标注出楼梯间的开间和进深尺寸，平台的标高，通常把楼梯段长度尺寸与踏步数、踏面宽的尺寸合并写在一起；

②各层被剖切到的楼梯段用一根斜45°折线表示，在每一梯段画一个箭头，注明"上"或"下"和踏步级数，表示从该层往上或往下走多少步级可以到达下一层；

③在底层楼梯平面图中应该表明楼梯剖面图的剖切位置及剖视方向；

④楼梯平面图常用1:50的比例，线型采用细实线绘制；

⑤从图名中可以了解是哪一层的楼梯平面(图5-19)。

5.6.3 楼梯剖面图的形成与作用

假想用一铅垂面通过各层的一个梯段和门窗洞，将楼梯竖直剖开，将前面部分移去，后面部分在垂直面上的正投影图为楼梯剖面图。剖面图要完整、清晰的表示出各层梯段、平台栏板的构造及相互关系，一般楼梯剖面图只画底层、中间层和顶层楼梯剖面，中间用折断线分开，楼梯间的屋面可以不画。

5.6.4 剖面图的绘图内容和识图方法

①在剖面图中应注明地面、平台面、楼梯层的标高和栏杆的高度；

②在剖面图中可以清楚表达楼梯段数，步级数和楼梯的类型结构形式；

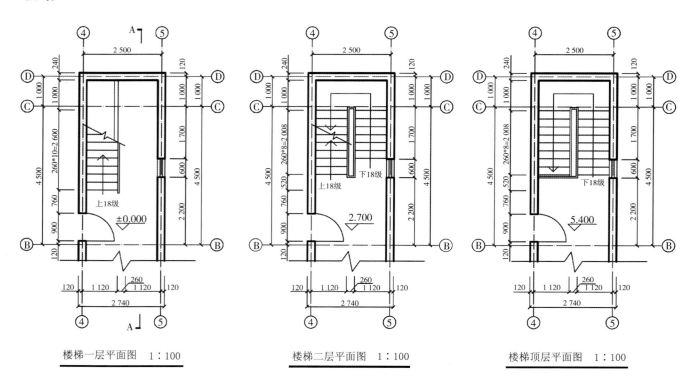

楼梯一层平面图　1:100　　楼梯二层平面图　1:100　　楼梯顶层平面图　1:100

图5-19　楼梯平面图

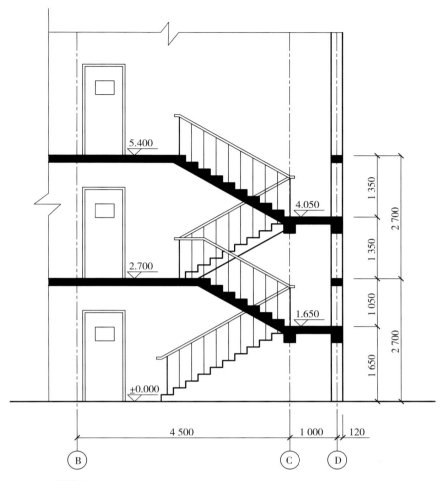

图 5-20　楼梯剖面图

③楼梯剖面图的尺寸标注和平面图一样，高度尺寸中除标高外，还应注明步级数(图 5-20)。

5.7　建筑平、立、剖面图的综合识图

建筑平面图、立面图、剖面图是建筑工程图中最基本的图样，三种图样表示建筑的不同内容，却有非常紧密的联系。平面图表明建筑物中各部分在水平方向的形状、位置和尺寸，但很难表达清楚建筑的高度。立面图说明建筑物外观的形状和长、宽、高的尺寸，但无法表明建筑内部结构关系。剖面图说明建筑物内部结构和空间关系，却很难说明建筑的水平形状和外观形状。因此，只有将平面图、立面图、剖面图三种图纸相互配合起来才能完整地表达清楚一个建筑从内到外，从上到下的全貌。

下面以某二层住宅小建筑为例，介绍建筑平面图、立面图、剖面图的综合识图方法(图 5-21 ~ 图 5-28)。

①根据平面图我们可以知道该建筑为二层建筑，平面为不规则矩形。东西长 11.7 m，南北宽 11.94 m。一层室内地面比室外地坪高 0.45 m。

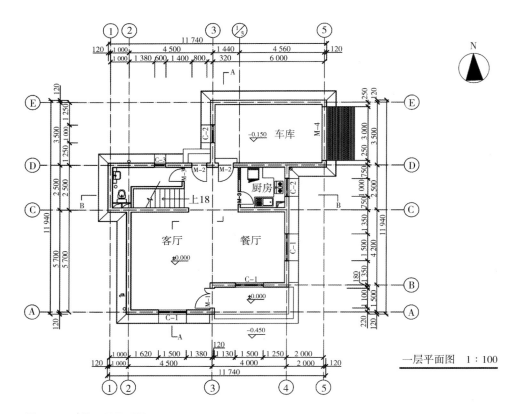

图 5-21　建筑一层平面图

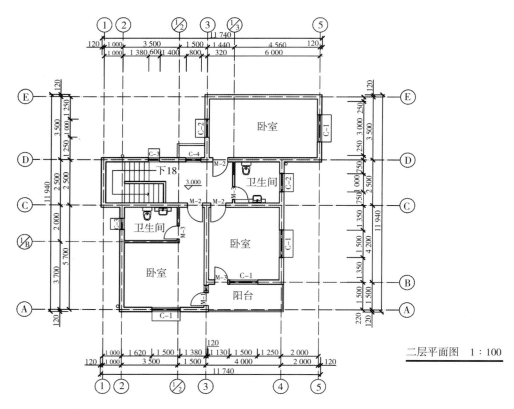

图 5-22　建筑二层平面图

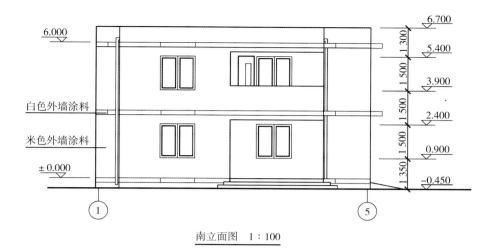

南立面图　1：100

图 5-23　建筑南立面图

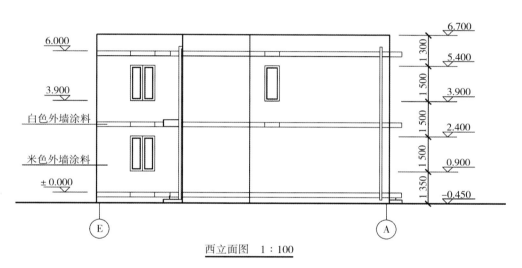

西立面图　1：100

图 5-24　建筑西立面图

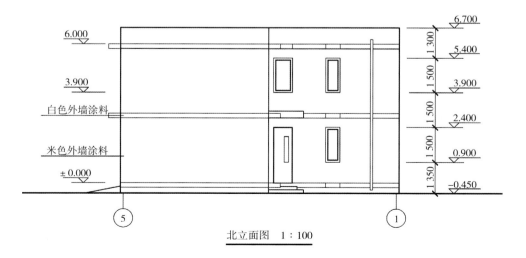

北立面图　1：100

图 5-25　建筑北立面图

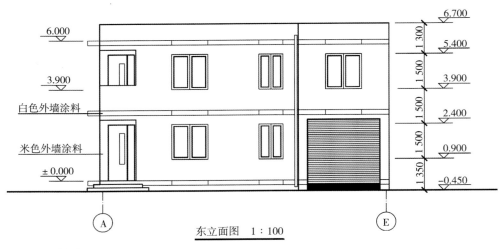

白色外墙涂料

米色外墙涂料

东立面图　1：100

图5-26　建筑东立面图

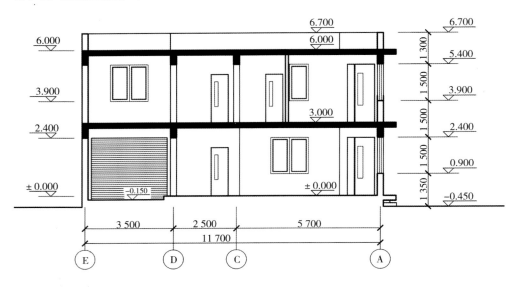

A—A 剖面图　1：100

图5-27　建筑A—A剖面图

②根据平面图我们可以知道该建筑的朝向,房间布置情况,各房间的大小、用途、楼梯位置、门窗位置、门窗宽度和剖切符号位置等情况。

③根据立面图可以知道建筑的各个外立面的造型、外墙的装饰做法、门窗的高度和样式以及各个关键部位的标高等情况。

④根据剖面图可以知道建筑内部空间的结构关系,建筑内部的分层情况,每层的标高,楼地板的厚度,门窗与墙体的关系,墙体与基础和屋顶的关系等情况。

⑤将建筑的平面、立面和剖面图相互配合,我们就可以清楚的得知,建筑的每一部分在平面、立面和剖面图中的不同情况。剖面图中各个部分的内容要对应平面图中剖切符号经过的地方,使建筑在平面和剖面图中相互对应。

⑥剖面图要和立面图在垂直方向上一一对应,便于查看建筑内部和外部内容的对应关系。楼板的厚度,门窗的高度,房间内圈梁和门窗的位

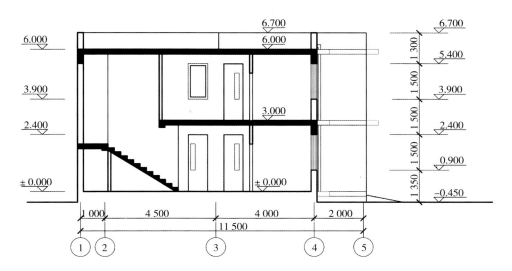

B-B 剖面图 1 : 100

图 5-28 建筑 B—B 剖面图

置关系等。

⑦立面图和平面图一一对应,查看房间的布置,门窗的位置和大小等情况。

本章要点

建筑工程图中各种图纸的用途、图示内容、表达方法和绘图步骤,是本章学习的重点。

(1)建筑平面图、立面图、剖面图的形成

利用正投影法的原理,分别对建筑物进行投影,所得平面图、立面图、剖面图。反映新建房屋空间形状与尺寸、材料装修等情况,从整体上反映建筑设计的基本情况。

(2)绘图内容

平面图主要表现的是建筑的构成、内部的空间分割、门窗的位置关系等;立面图主要表现建筑立面中门窗的位置、墙面装饰以及施工工艺;剖面图则用来表现建筑内部的构造。

(3)绘图步骤与方法

绘图先从平面图开始,然后立面图及剖面图;其步骤为从整体到局部,逐步深入;由于图纸表达的内容较多,因此应当熟悉常用的图例符号,以便正确、清晰地表现图样;图纸要有准确细致的尺寸标注,包括材料的规格尺寸、带有控制性的标高、索引符号的编号,等等;需要文字表达的内容,如材料颜色、施工工艺、图样名称等,应注写的简洁、准确、完善;绘图时应按规范要求运用图线,以便使最终的图样内容表示正确,层次分明。

思考题

1.建筑平面图是怎样形成的? 图示内容有哪些?

2.建筑立面图是怎样形成的? 图示内容有哪些?

3.建筑剖面图是怎样形成的? 图示内容有哪些?

4.实地测量所在的教学楼或宿舍楼,按照建筑平面图的绘制要求,准确绘制其平面图。

6 室内设计工程图

室内设计工程图是设计人员表达设计意图的基本方式,是设计师与委托方、施工者交流技术信息的专业语言,也是工程施工的重要依据。

在我国,室内设计作为一门独立的学科形成较晚,因此,室内设计工程图的绘制方法部分套用《房屋建筑制图统一标准》(GB/T 50001—2001)。但是室内设计作为建筑设计的继续和深化,它在表现内容和方法上有着自身的特点。概括地讲,建筑设计图样主要表现建筑建造中所需的技术内容,而室内设计工程图样则主要表达建筑建造完成后,室内环境进一步完善、改造的技术内容。了解这种区别对于提高工程制图与识图水平是很有必要的。

6.1 室内设计工程图的基本知识

6.1.1 室内设计的程序

室内设计程序与民用建筑工程程序类似,一般分为三个阶段,即:方案设计、初步设计和施工图设计。中小型工程一般只有初步设计和施工图设计两个阶段。

方案设计。在接受设计委托后,设计者按委托方下达的任务书及所提供的数据,经实地勘察后进行草图绘制,以此推敲设计思路。而后,提交一份设计方案图供委托方审阅。方案设计经委托方批准后再由设计者进行初步设计。

初步设计也称技术设计。该阶段的工作是在方案设计的基础上,进一步明确平、立、剖面图尺寸及建筑构造;合理布置水、暖、通风及空调系统。

施工图设计。该阶段是在完成初步设计的基础上,针对工程施工需要,绘制详细图样。图面上应详尽标明装修各部分的形状、结构、尺寸、色彩以及材料做法等,同时还需完成详尽的室内环境系统的图纸,如给排水图、照明与电气电路图、空调系统等全部施工图纸,供施工单位进行施工。

6.1.2　室内设计制图的内容

室内设计项目的规模大小、繁简程度各有不同,但其成图的编制顺序则应遵守统一的规定。一般来说,成套的施工图包含以下内容:封面、目录、文字说明、图表、平面图、立面图、节点大样详图以及配套专业图纸。

其中各项包含的详细内容为:

①封面:项目名称、业主名称、设计单位等。

②目录:项目名称、序号、图号、图名、图幅、图号说明、备注等,可以列表形式表示。

③文字说明:项目名称、项目概况、设计规范、设计依据、常规做法说明、关于防火及环保等方面的专篇说明。

④图表:材料表、门窗表(含五金件)、洁具表、家具表及灯具表等。

⑤平面图:包括建筑总平面、室内布置平面图、地面铺装平面、顶棚造型平面及机电平面等内容,以上可根据项目要求,内容有所增减。

⑥立面图:装修立面图、家具立面图和机电立面图等。

⑦节点大样详图:构造详图、图样大样等。

⑧透视效果图。

⑨配套专业图纸:水、暖、通风及空调的布置等系统施工图。

6.1.3　室内设计制图的内容

室内设计图的绘制,先从平面开始,然后再画顶棚、立面及剖面、详图等。画图时要从大到小,从整体到局部,逐步深入。绘制室内设计图必须注意整套图纸前后的完整性和统一性,不要有漏画,漏标注,甚至相抵触的地方。

6.2　平面图

室内设计图中的平面图应包括平面布置图和地坪装修图。

6.2.1 平面图的形成与作用

室内设计中的平面布置图(也称平面图)与建筑平面图形成的概念相同，即用一个假想的水平切面沿着窗台上的位置将建筑水平剖切后，移去剖切平面以上的房屋形体，对室内地面上摆设的家具以及其他物体，不论切到与否都完整画出。

室内设计平面图主要表现房屋平面形状、建筑构成状况（墙体、柱子、楼梯、门窗、台阶）；内部分隔尺度，如：室内各种家具、设施配置的平面关系和人流的划分；装修的位置及做法。平面图是整个室内设计最基本的图纸，也是最为重要的图纸。

地坪图是地表面的水平投影图，表现地坪面层装修的图形及做法(图 6-5)。当地面装修手段简单时，可不必绘制地坪图，而可直接在平面布置图中表现。

6.2.2 平面图的绘制内容

平面图的绘制内容有：

①表明房屋平面形状、各房间的分布以及建筑构成状况；

②反映门窗位置及其水平方向的尺寸。门、窗应以《建筑制图国家标准》中规定符号标明，数量多时可进行编号；

③画出所有涉及的家具、家电、设施及陈设等物品的水平投影，这些

表 6-1　常用平面布置图的图例符号

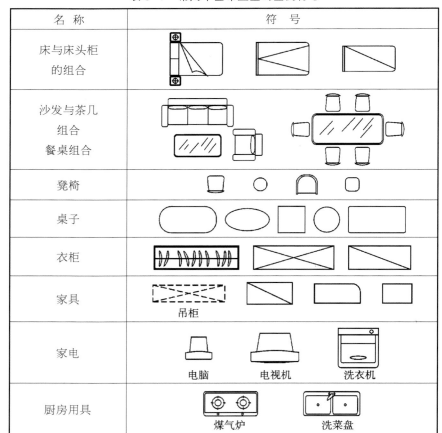

名　称	符　号
床与床头柜的组合	
沙发与茶几组合餐桌组合	
凳椅	
桌子	
衣柜	
家具	吊柜
家电	电脑　　电视机　　洗衣机
厨房用具	煤气炉　　洗菜盘

续表

名 称	符 号
卫生间用具	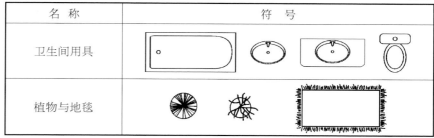
植物与地毯	

物品均采用图例符号绘制(表 6-1),并可加以文字注明;

④标注各种必要的尺寸,如开间尺寸、装修构造的定位尺寸,固定家具、设施的尺寸;

⑤为了表示室内立面在平面图上的位置,应在平面图上用内视符号注明视点位置、方向及立面编号。符号中的圆圈应用细实线绘制,根据图面比例圆圈直径可选择 8 ~ 12 mm。立面编号宜用拉丁字母或阿拉伯数字(图 6-1);由于表达方法的不同,还可用表示剖面的剖切符号(图 6-2)。剖面图的剖切部位,应根据图纸的用途或设计深度,在平面图上选择能反映全貌、构造特征以及有代表性的部位剖切,读图时要注意分析;

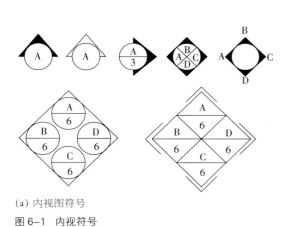

(a) 内视图符号

图 6-1 内视符号

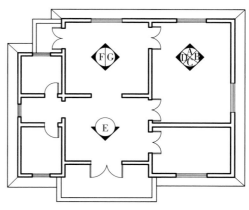

(b) 平面图上内视符号的应用

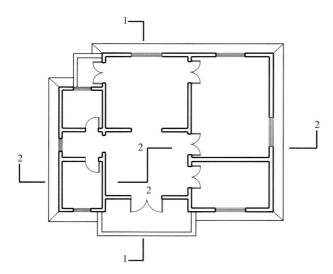

图 6-2 剖面符号在平面图上的画法

77

⑥图名以及比例标注。室内平面图的图名应注写在图样的下方；当设计对象为多层建筑时，按其所表示的楼层的层数来称呼，如底层平面图、二层平面图等。如图纸反映的是局部空间，则用空间的名称来称呼，如客厅平面图、卧室平面图等；绘图时应根据被绘的对象的复杂程度，选择适用的比例。通常室内设计平面图都采用较大比例绘制，如 1：50，1：100 等；比例宜注写在图名的右侧，字的基准线应取平；比例的字高宜比图名的字高小 1 号或 2 号(图 6-3)；

⑦指北针。底层平面图应标示指北针供设计参考。

6.2.3 平面布置图的绘图步骤

①平面图绘制的方法与建筑平面图相同，即先画定位轴线再画内外墙厚度；

②画出门窗位置及宽度，图 6-6 为常见墙柱、门窗、家具的几种表现画法(图(a)墙、柱中空的表示；图(b)墙、柱中空框架的表示；图(c)墙中空、柱涂黑表示；图(d)墙、柱以材料图例示意；图(e)门以双线表示；图(f)门以单线表示；图(g)推拉窗图样；图(h)窗以双线表示；图(i)窗以单线表示；图(j)为固定家具；图(k)为活动家具)；

图 6-3　图名及比例标注

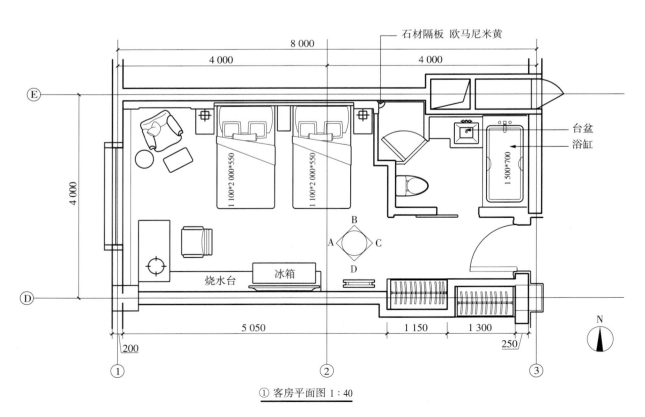

① 客房平面图 1：40

图 6-4　客房平面布置图

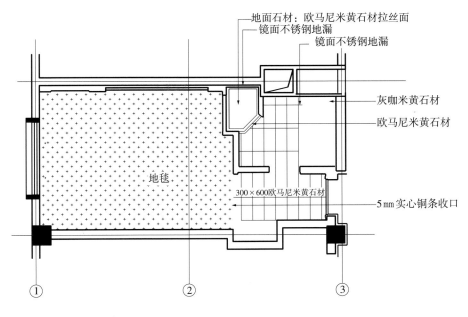

图 6-5 客房地坪装修图

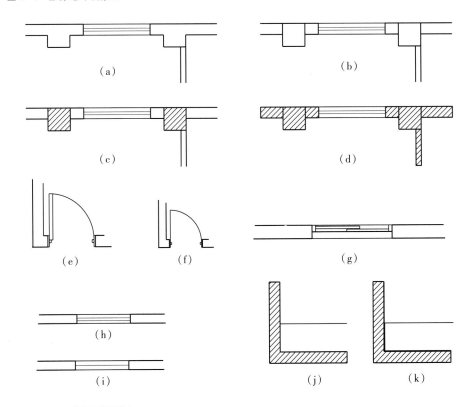

图 6-6 常见图样画法

③图纸比例在 1:50 或更大时,常用细实线画出粉刷层,即沿房间内墙用 0.1 mm 的墨线笔走一圈,与内墙线间距一般控制在 1 mm 以内,这样可使图样更加精致;

④画出家具及其他室内设施图例;

⑤标注尺寸、编号、索引符号以及有关文字说明;

⑥检查无误后,按线宽标准要求加深图线(图 6-7)。

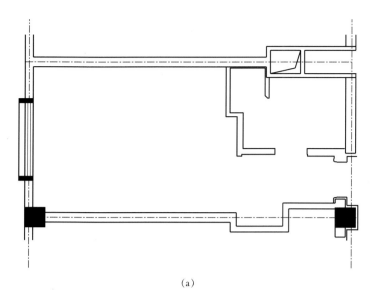

(a)

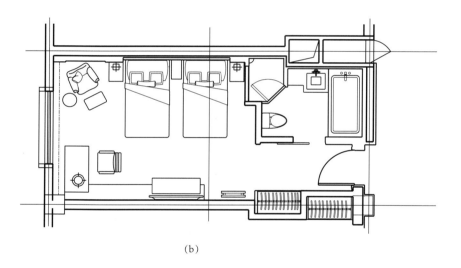

(b)

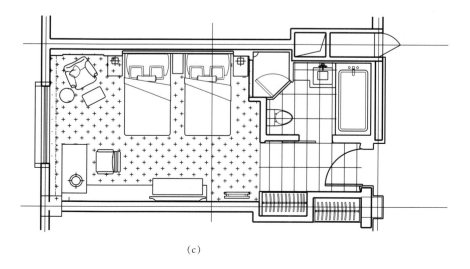

(c)

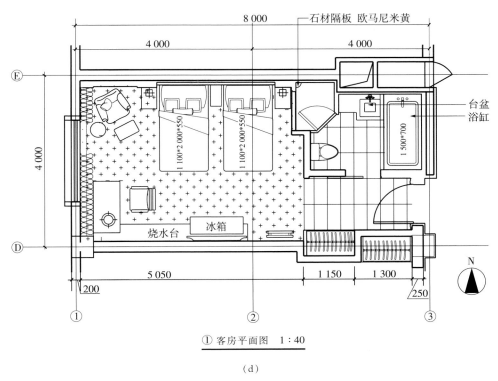

① 客房平面图 1:40

(d)

图 6-7 平面图绘制步骤

6.3 顶面图

顶面图也称顶棚、吊顶平面图。顶面装修是现代室内设计不可缺少的重要组成部分。

6.3.1 顶面图的形成与作用

顶面图有两种图示方法:仰视投影法和镜像视图法,现在人们普遍习惯用镜像投影法绘制顶面图。即设想与顶面相对的地面是一块镜子,顶棚上所有装修细节将清楚地映射在镜面上,镜面呈现的图像是顶面的正投影图。

顶面图主要表现顶部的形状、造型、标高、尺寸、材料及设备的位置。

6.3.2 顶面图的绘制内容

顶面图所表现的内容有繁有简,但表达内容至少有:

①标明天花板表面的形状与局部起伏变化,构造复杂的部分应另绘剖面详图;

②标明天花板上灯具以及其他设备的设置情况,如灯具的类型、位置以及排放的间距;消防设备、空调风口等;

③标注各部分的尺寸、标高、装修材料的名称以及色彩;

④顶面图中的门窗可省去不画,只画墙线(图6-8);

⑤吊顶做法如需用剖面图表达时,顶面图中还应标出剖面图的剖切

位置与投射方向。对局部做法有要求时,可用局部剖切表示。

6.3.3 顶面图的绘图步骤

①可直接复制已绘制完毕的平面图,应注意不用画出门和窗的位置
(图 6-9 (a));

②确定天花板造型以及灯具、其他装置的定位(图 6-9 (b));

③顶面图中的附加物品一般采用通用图例表示(图 6-9 (c));

④检查无误后,按线宽标准要求加深图线;

⑤标注尺寸、说明文字、图纸名称及比例(图 6-9 (d))。

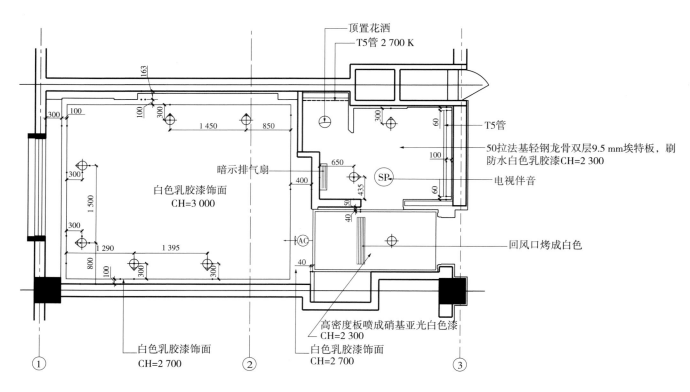

图 6-8　客房顶平面图

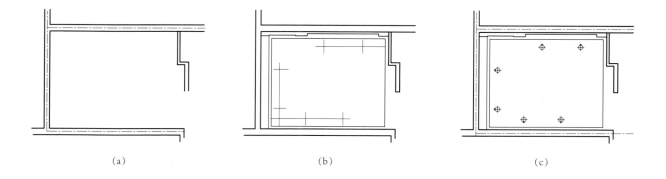

(a)　　　　　　　　　　(b)　　　　　　　　　　(c)

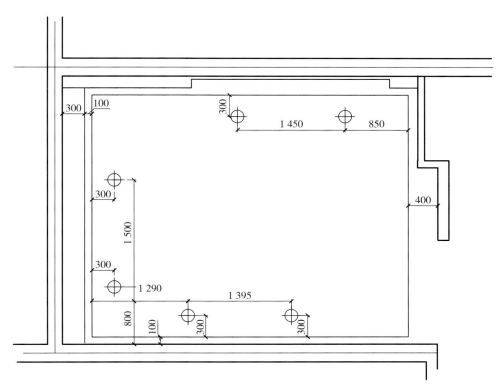

标准客房顶面图　1∶50

(d)

图6-9　顶平面图绘制步骤

6.4　立面图

室内的立面图设计是形成室内设计风格的重要因素。

6.4.1　立面图的形成与作用

立面图是平行于室内各方向墙面的正投影图,主要表现室内墙面的外观形式、墙面的装修做法以及各种装饰物品布置的竖向关系。可移动的装饰物品可省去不予表现(图6-10)。

立面图的命名,应依据平面布置图中内视符号的编号或字母确定,以便对照看图。图6-11为图6-7客房的D立面图。

6.4.2　立面图的绘制内容

①表明投影方向可见的室内轮廓线和门窗、构配件、墙面的做法;

②表明墙面上装修构造及材料、色彩与工艺要求,如墙面上有装饰壁面、悬挂的织物以及灯具等装饰物时也应标明;

③表明既定视向所有能观察到的物品,如家具、家电等陈设物品的正投影。家具陈设等物品应根据实际大小用图面统一比例绘制,其尺寸可不标注;

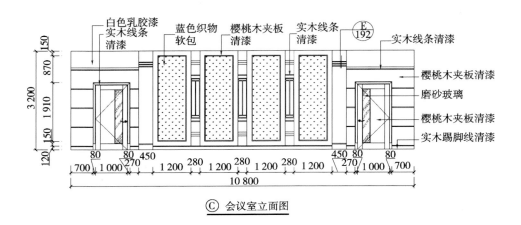

图 6-10　会议室立面图

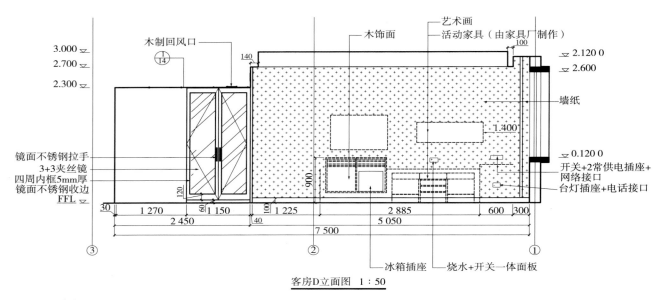

图 6-11　客房立面图

④应给出欲深化表达的局部剖切的位置以及欲放大的详图索引；

⑤标明装修所需的竖向尺寸及横向尺寸；

⑥立面图完成后，应按规定注明图名、比例及材料名称等相关内容；

⑦在绘图时也常用剖立面图来表示。剖立面图可将室内顶部、立面、地面装修材料完成面的外轮廓线明确表示出来(图 6-12)；

⑧在绘制平面形状为圆形或多边形的室内空间立面图时，可采用展开图的方式，但均应在图名后加注"展开"二字(图 6-13)；

⑨在表现较简单的对称式室内空间或对称的构配件时，在不影响构造处理和施工的情况下，立面图可绘制一半，并在对称轴线处画对称符号。

6.4.3　立面图的绘图步骤

①将平面图置于要画的立面图的正上方，将其尺寸直接引到图稿上，此时房间的宽度、墙体的厚度、家具位置等均已确定(图 6-14 (a))；

②画出地面线，依据尺寸绘出房间的高度线、吊顶的高度线以及各

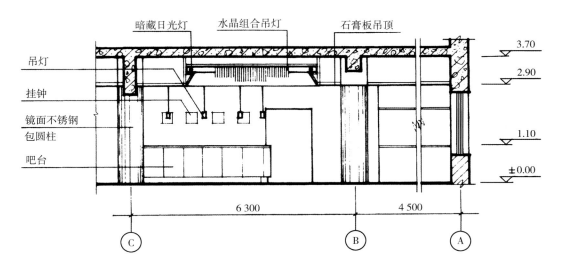

图 6-12 客房剖面图

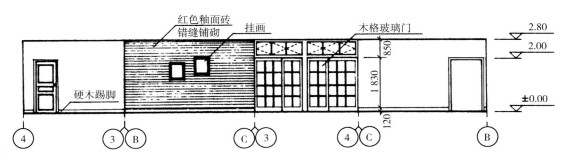

图 6-13 室内立面展开图

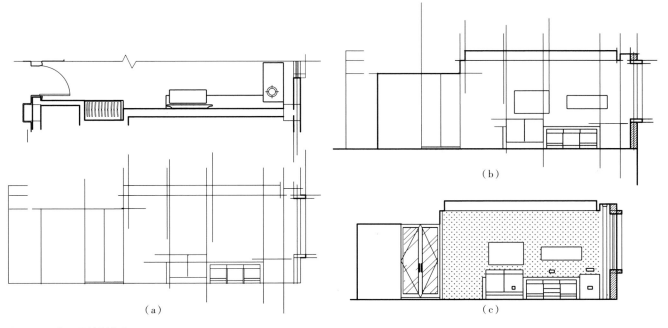

图 6-14 立面图绘制步骤

家具的高度线；

③绘制该墙面的装修形式(踢脚线、墙裙形式、挂画等)，如墙面装修形式复杂，可不画家具，以免遮挡(图 6-14 (b))；

④检查无误后,按线宽标准要求加深图线(图 6-14 (c));

⑤标注尺寸、说明文字、图纸名称及比例,如 6-11 客房立面图。

6.5　详　图

室内设计装饰工程详图包括大样图、节点图。

6.5.1　详图的形成与作用

室内设计图纸中的详图适用于以较大的比例不能清楚地表达出平、立、剖面图中装修构配件、装修剖面节点的详细构造。因此它是室内平、立、剖面图的深入和补充,更是指导装修施工的重要依据。

6.5.2　详图的绘制内容

①表现物体详细的构造、材料名称、规格以及工艺要求;

②表现装修剖面节点的详细构造,以及相互衔接的方式;

③表现装修配件及设施的安装和固定方式等。

6.5.3　详图的绘制要求

①作为平、立、剖面图的深化表现,详图以较大的比例绘制各种构造的细节,常用比例有 1:5,1:10,1:20,1:50 等,甚至有 1:1,1:2 的大样图。

②详图的符号应与平、立面图中的索引符号相对应(索引符号与详图符号的标注方法,见本教材第 5 章。)以方便相互查找。

③详图所表现的装修结构应该清晰准确,并恰当地运用装饰材料图例。

④详图装修完成面的轮廓线为粗实线,材质填充线为细实线。

⑤详图中的尺寸数据要完整详尽且准确无误。对装修部位的材料、色彩、种类规格及施工工艺都要详细注明。图 6-15 为图 6-11 客房中的衣柜详图。

常见的室内工程详图有:

①地面构造装修详图。地面(坪)需做花饰图案时,一般应绘出图案的平面图并标出相应的材料与尺寸(图 6-16)。对地面构造可应用断面图表明,并用分层注解方式标出。

②墙面构造装修详图。 一般进行软包装或硬包装的墙面需要绘制装修详图。墙面装修详图通常包括装修立面图和墙体断面图(图 6-17)。

③顶面构造装修详图(图 6-18)。

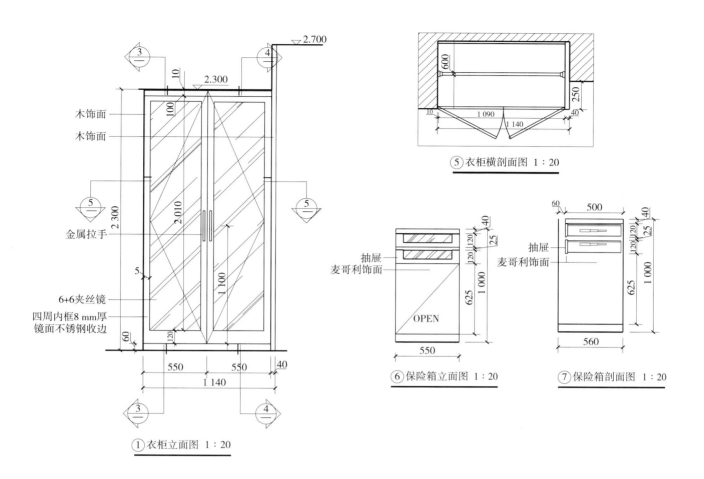

① 衣柜立面图 1:20

⑤ 衣柜横剖面图 1:20

⑥ 保险箱立面图 1:20

⑦ 保险箱剖面图 1:20

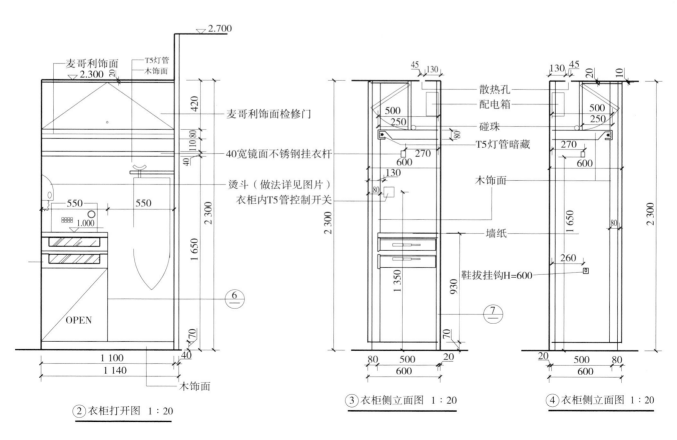

② 衣柜打开图 1:20

③ 衣柜侧立面图 1:20

④ 衣柜侧立面图 1:20

图 6-15 客房衣柜详图

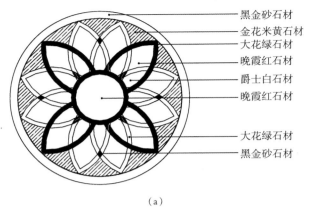

黑金砂石材
金花米黄石材
大花绿石材
晚霞红石材
爵士白石材
晚霞红石材

大花绿石材
黑金砂石材

(a)

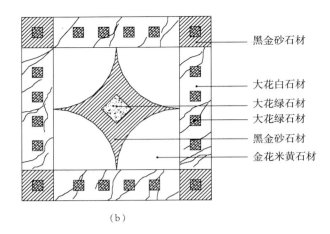

黑金砂石材

大花白石材
大花绿石材
大花绿石材
黑金砂石材
金花米黄石材

(b)

图 6-16 地面的花饰详图

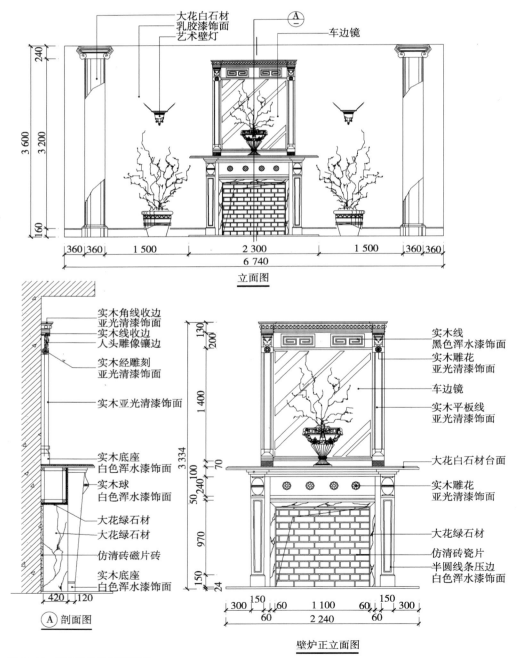

图 6-17 墙面构造的装修详图

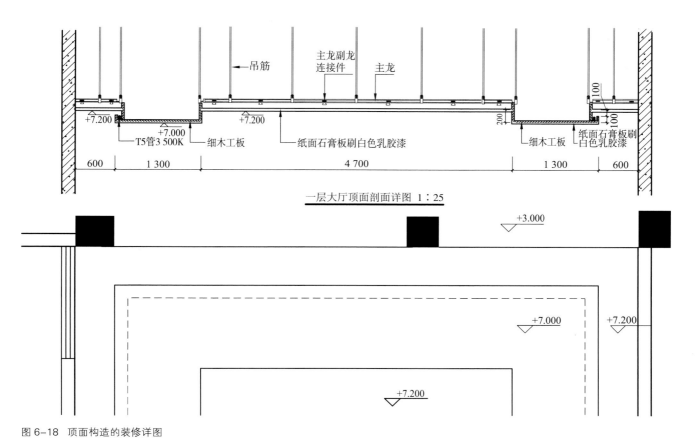

一层大厅顶面剖面详图 1:25

图6-18 顶面构造的装修详图

6.6 系列图纸识读

在识读整套图纸时,应按照"总体了解、顺序识读、前后对照、重点细读"的读图方法。

(1)总体了解

一般是先看目录、总平面图和工程说明,大致了解工程的情况。对照目录检查图纸是否齐全,然后看室内平、立、剖面图,以便对建筑空间形式和内部布置有一个初步认识。

(2)顺序识读

在总体了解房屋的基本情况后,根据图纸的先后顺序,从建筑空间的墙体(或柱)、内部平面布置、立面设计以及装修构造的顺序,依次仔细阅读有关图纸(本章在介绍室内设计各种图纸时,都列有该图绘制的主要内容,应遵照其所列的顺序逐项阅读)。

(3)前后对照

读图时要注意平、立、剖面图对照着读,做到对整个工程施工情况及技术要求心中有数。

(4)重点细读

根据设计的要求将有关工程图再有重点地仔细阅读,并对照相关详图,弄清装修细部以及剖面节点的详细构造。

6.6.1 平面图(平面布置图与地坪图)

识读平面图首先从底层看起,因为底层平面图基本涵盖了平面图的主要内容。其基本顺序是:由外向内,由粗到细;先看图名、比例及图中说明,再深入看图(图 6-19)。

(1)从图 6-19 的图名可知该图为某房屋的底层平面图,比例为 1∶60;

(2)根据指北针所示方位可知,该房屋方位的主要出入口在西面;

(3)从图中墙的分隔情况和各房间的名称,可了解到该房屋平面的总体布局;

(4)看定位轴线及各类尺寸。从平面图的形状和第一道(即最外一道)尺寸,可知该房屋的总长和总宽;从图中第二道尺寸,可了解到各承重构件的位置及各房间的大小,即进深与开间(由于该房屋不对称,因此在平面图的四周都标注尺寸);家具和陈设的大小形状以及与建筑结构的相对位置;

(5)看各种代号与图例;

(6)看图中的立面符号(剖切符号)与索引符号,便于与立面图对

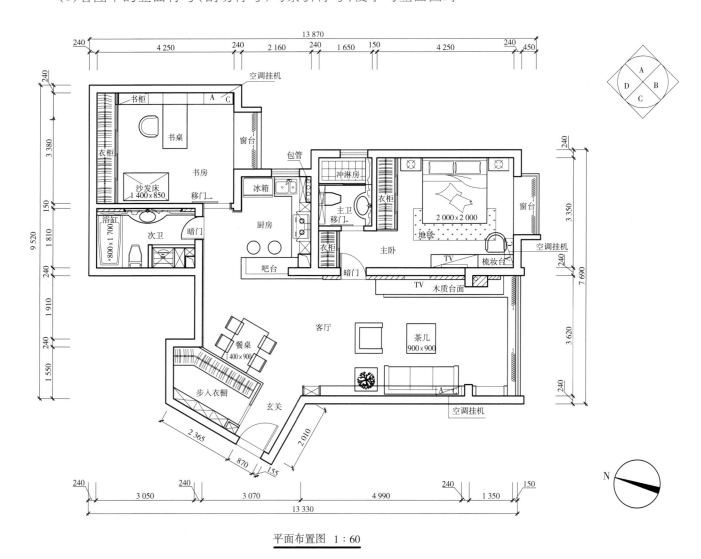

平面布置图 1∶60

图 6-19 底层平面图

照阅读；

(7)从地坪图的图例可看出，该房屋采用了地砖和实木地板两大类材料，具体做法可从文字说明中得知(图6-20)。

6.6.2 顶面图

识读顶面图的基本顺序是：

①看图名和比例，以便与平面布置图相对照(图6-21)；

②看吊顶造型与尺寸。由于该顶面图为直接复制的平面图，因此，保留了平面图建筑的总尺寸与开间尺寸。在房间净空尺度中，详细标注了顶部的装修做法与尺寸、灯具及设施的定位尺寸(一般单个空间的顶面尺寸有两道：第一道为顶面的长和宽的净空尺寸，用以计算顶部面积；第二道为吊顶、灯池的长、宽及其定位尺寸)。以本层地面为零点，它控制着房间的净空高度；

③看材料图例和文字说明，了解吊顶所用材料的规格、品种和色彩以及具体的施工工艺与要求等；

④看灯具式样与规格以及其他设置情况，注意上述各项在顶平面图中亦常用图例表示，因此，应联系图例表看图(图6-21)。

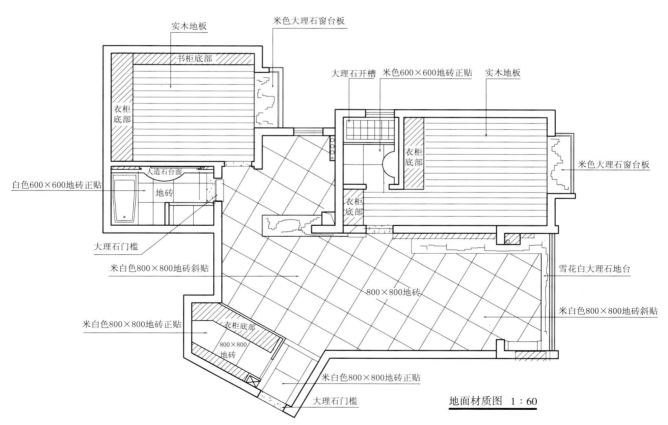

图6-20 地坪装修图

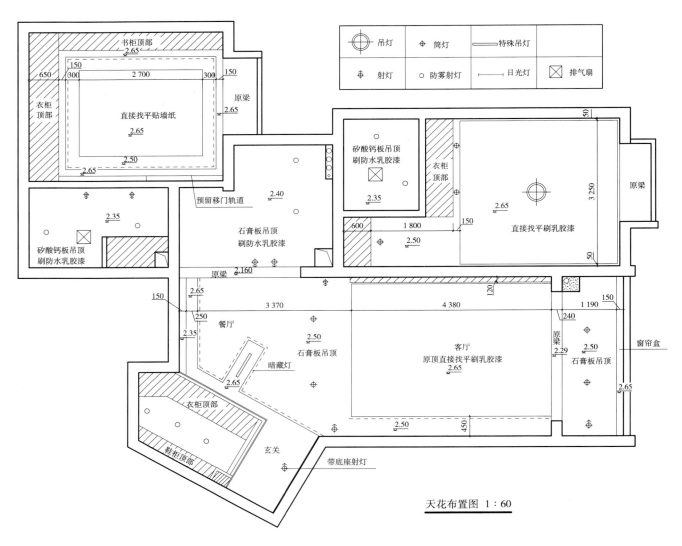

图 6-21 吊顶平面图

天花布置图 1：60

（图内文字）
- 书柜顶部 2.65
- 650 150 300 2 700 300 150
- 衣柜顶部
- 直接找平贴墙纸 2.65
- 2.50
- 2.65
- 原梁 2.65
- 吊灯 筒灯 特殊吊灯
- 射灯 防雾射灯 日光灯 排气扇
- 50
- 矽酸钙板吊顶 刷防水乳胶漆 2.35
- 衣柜顶部
- 3 250
- 原梁
- 直接找平刷乳胶漆 2.65
- 2.35
- 矽酸钙板吊顶 刷防水乳胶漆
- 150
- 2.40
- 预留移门轨道
- 600 1 800
- 石膏板吊顶 刷防水乳胶漆
- 2.50
- 50
- 原梁 2.160
- 120
- 150 2.65
- 150
- 250
- 3 370
- 4 380
- 1 190
- 240
- 餐厅
- 2.35
- 2.50
- 石膏板吊顶
- 客厅 原顶直接找平刷乳胶漆 2.65
- 原梁 2.29
- 2.50
- 石膏板吊顶
- 窗帘盒
- 暗藏灯
- 2.65
- 2.65
- 衣柜顶部
- 鞋柜顶部
- 玄关
- 带底座射灯
- 2.50
- 450

6.6.3 立面图

识读立面图的基本顺序是：

（1）根据图名，在平面图布置中找到相应投影方向的墙面。如图6-22所示的 A , B , C , D 四个立面图表示的是图 6-19 所示房屋客厅内墙的立面；

（2）根据立面造型及尺寸，分析各立面的装修做法及细部尺寸，并依据文字说明，了解装修所用材料及做法；

（3）了解各不同材料饰面之间的衔接方式和工艺要求等。若另有详图表示，则应根据索引符号找到详图所在的准确位置。如图 6-22 (a)立面中的索引符号所示，吧台的详图在该册的第 8 页上（见本教材图 6-23）；

（4）注意检查电源开关、插座等设施的安装位置和安装方式，以便在施工中留位（图 6-24）。

熟练地识读系列工程图纸，除了要掌握投影原理、熟悉国家制图标准、掌握图示内容和表达方法以外，还要经常深入到施工现场，对照图纸，观察实物，这是提高识图、制图能力的一个重要途径。

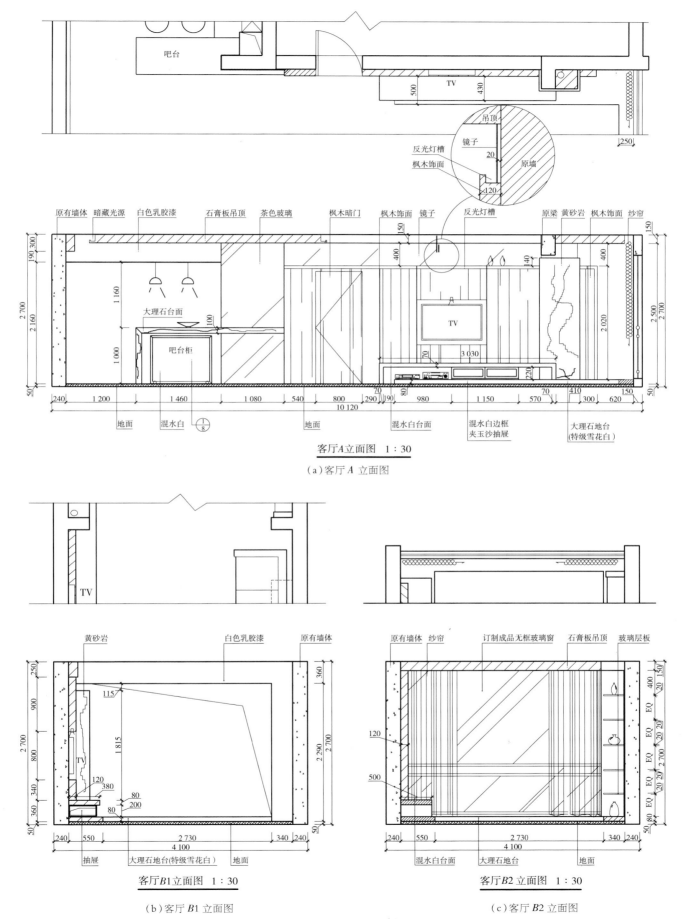

客厅A立面图 1:30

（a）客厅 A 立面图

客厅B1立面图 1:30

（b）客厅 B1 立面图

客厅B2立面图 1:30

（c）客厅 B2 立面图

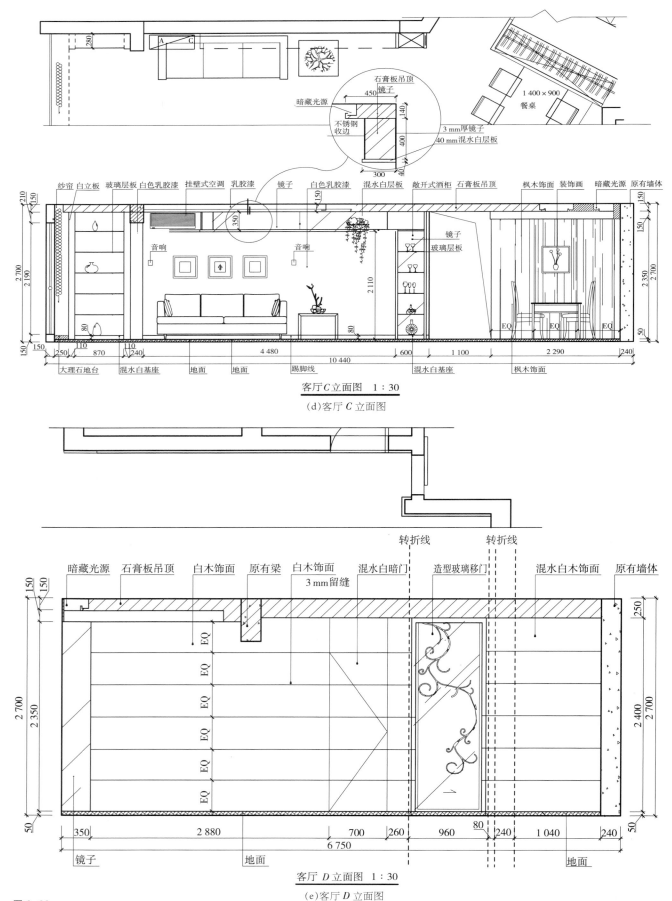

石膏板吊顶
镜子
暗藏光源
450
140
不锈钢收边
400
3 mm厚镜子
40 mm混水白层板
300
40

1 400×900
餐桌

纱帘 白立板 玻璃层板 白色乳胶漆 挂壁式空调 乳胶漆 镜子 白色乳胶漆 混水白层板 敞开式酒柜 石膏板吊顶 枫木饰面 装饰画 暗藏光源 原有墙体

210
150
2 700
2 190

350
150

镜子
玻璃层板

音响
音响

2 110

2 350
2 700

80
80
EQ EQ EQ
50

150 150 250 110 870 110 240 4 480 600 1 100 2 290 240
10 440

大理石地台 混水白基座 地面 地面 踢脚线 混水白基座 枫木饰面

客厅 C 立面图 1:30

(d)客厅 C 立面图

转折线 转折线

暗藏光源 石膏板吊顶 白木饰面 原有梁 白木饰面 混水白暗门 造型玻璃移门 混水白木饰面 原有墙体
3 mm留缝

150
150
250

2 700
2 350
EQ
EQ
EQ
EQ
EQ
EQ

2 400
2 700

50
50

350 2 880 700 260 960 80 240 1 040 240
6 750

镜子 地面 地面

客厅 D 立面图 1:30

(e)客厅 D 立面图

图 6-22

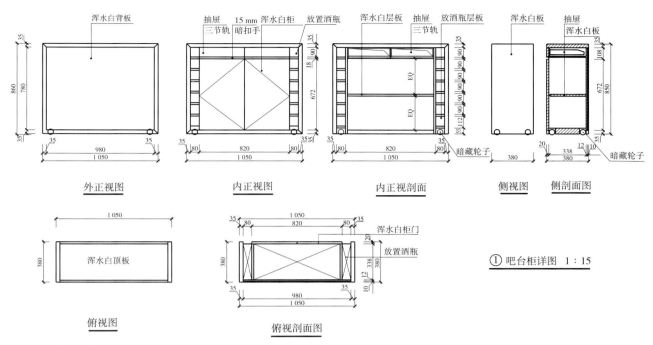

图 6-23 客厅吧台详图

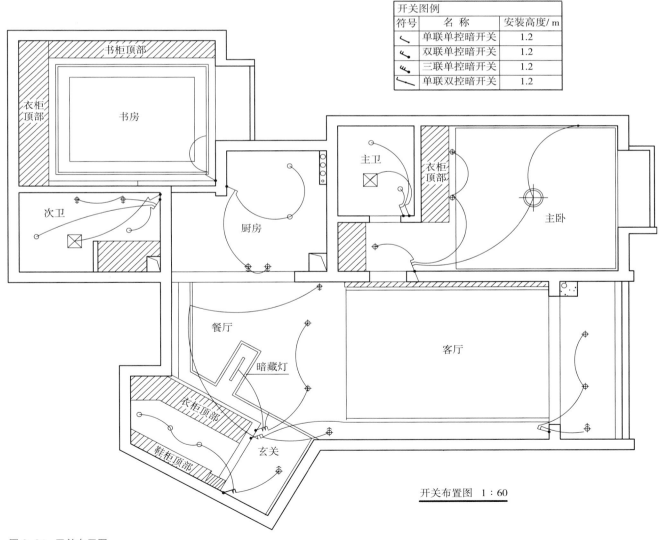

开关图例		
符号	名　称	安装高度/ m
╱	单联单控暗开关	1.2
╱	双联单控暗开关	1.2
╱	三联单控暗开关	1.2
╱	单联双控暗开关	1.2

开关布置图 1：60

图 6-24 开关布置图

本章要点

室内设计图中各种图纸的用途、图示内容、表达方法和绘图步骤,是本章学习的重点。

(1)室内三视图的形成

利用平行正投影法的原理,分别对室内空间界面进行投射,即得平面图、立面图、剖面图。三视图反映的是新建房屋空间形状与尺寸、内部布置、材料装修等情况,它从整体上反映出室内设计装修的基本情况。

(2)图示内容

平面图主要表现的是建筑构成状况、室内家具布置以及装修材料与工艺;立面图主要表现房屋门窗的位置、墙面装饰造型以及施工工艺;详图则用来表现室内装修的细部构造,是平、立、剖面图的补充和深化。

(3)绘图步骤与方法

绘图先从平面图开始,然后地坪、顶面图、立面及剖面、详图;其步骤为:从整体到局部,逐步深入;由于图纸表达的内容较多,因此,应当熟悉常用的图例符号,以便正确、清晰地表现图样;图纸要有准确细致的尺寸标注,包括材料的规格尺寸、带有控制性的标高、索引符号的编号等;需要文字表达的内容,如材料颜色、施工工艺、图样名称等,应注写得简洁、准确、完善;绘图时应按规范要求运用图线,以便使最终的图样内容表示正确,层次分明。

(4)图纸识读

识读系列图纸时,必须掌握正确的识读方法和步骤,这就是:"总体了解、顺序识读、前后对照、重点细读"。

思考题

1.室内设计工程图有哪些主要内容?

2.室内设计工程制图与建筑工程制图有什么异同?

3.室内设计工程图中的平面图应包括哪些?

4.平面图是怎样形成的?有什么作用?

5.顶面图的主要内容有哪些?

6.立面图是怎样形成的?怎样命名?有什么作用?

7.立面图的内容有哪些?其画法应注意什么?

8.室内设计工程详图应包括哪些?有什么作用?

9.画出一套家居设计工程图,包括平面图、顶面图、立面图及详图,要求图面比例适当、尺寸标注正确、图线粗细明确、图例符号准确、文字标写规范、图样画面整洁。

7 室外环境工程图

教学引导

- 教学目标:通过本章学习,使学生能认识室外环境工程图并初步了解其特点及相应绘制方法;使学生掌握地形、植物、山石、水体等园林景观要素的绘制与表现;了解室外环境工程图中平面图、立面图、剖面图的图示原理,通过训练能培养正确的制图习惯。
- 教学手段:本章对室外环境工程图的知识要点进行梳理分析,并通过图解说明的方式来帮助学生理解掌握。以大量案例来加深学生理解,巩固本章知识框架。
- 教学重点:掌握地形、植物、山石、水体等园林景观要素的绘制方法,并能在设计实践中充分运用。
- 能力培养:通过本章教学,使学生能掌握室外环境工程图的画法,能在实际的方案设计中合理的运用与实践。

室外环境设计包括居住区环境设计、旅游区和风景名胜区设计、纪念性区域环境设计、文化区环境设计、体育区环境设计、工业区环境设计及商业区环境设计等。无论哪一类型的环境设计,都是由地形、植物、山石、水体、建筑及道路等基本要素所构成。

设计师的任务是:依据设计原理,运用室外环境设计要素来构建一个具有实用价值、美学价值和生态价值的三维空间实体。

环境设计图是工程设计者特有的语言,它用图示的方法,将设计者的设计思想与设计理念清晰地表达出来,同时它也是施工与管理的技术文件。

本章着重介绍一些较常用的室外环境设计要素的绘制与设计图纸识读。

7.1 地形表示法

地形是构成室外环境景观的基本要素之一。基地地形图是合理利用、改造原地形,创造优美室外环境景观的最基本的地形资料。

7.1.1 地形的平面表示法

地形的平面表示主要采用图示和标注的方法。等高线法是地形最基本的图示方法,在此基础上可获得地形的其他直观表示法。这里只介绍等高线法和高程标注法。

(1)等高线法

等高线是一组垂直间距相等、平行于水平面的假想面与自然地貌相截所得交线的水平正投影图,它是地形图上高程相等的各点所连成的闭合曲线(图 7-1)。给这组投影线标注上等高距,便可用它在图纸上表示地形的高低陡缓、峰峦位置、坡谷走向及溪地深度等内容。两相邻水平截面间的垂直距离称为等高距,它是个定值。在地形图中,两相邻等高线间的垂直距离称为等高线平距,是个变值。

为充分表示出地貌特征,等高线按其作用不同,分为首曲线、计曲线、间曲线与助曲线四种类型。

①首曲线:又叫基本等高线,是按规定的等高距测绘的细实线,用以显示地貌的基本形态。

②计曲线:又叫加粗等高线,为易于高程计算,从规定的高程起算面起,每隔五个等高距将首曲线加粗为一条粗实线,以便在地图上判读和计算高程。

③间曲线:又叫半距等高线,为了表示首曲线不能反映而又重要的局部形态,以 1/2 基本等高距加密,且用长虚线绘制。间曲线可只画局部,不必闭合。

④助曲线:又叫辅助等高线,是按四分之一等高距描绘的细短虚线,用以显示间曲线仍不能显示的某段微型地貌(图 7-2)。一般地形图中只有首曲线和计曲线。

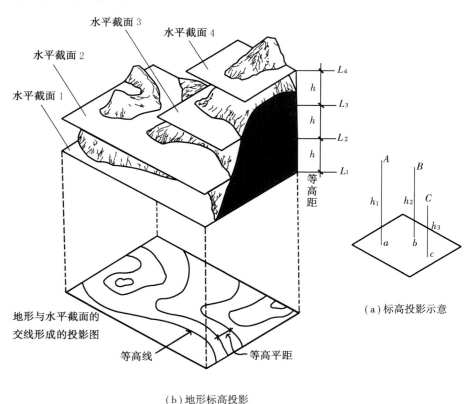

(a)标高投影示意

(b)地形标高投影

图 7-1　等高线的概念

等高线具有以下特性：

在同一条等高线上的所有点,其高程都相等;每一条等高线都是闭合的。由于用地范围或图框限制,在图纸上不一定每条等高线都能闭合,但实际上它们还是闭合的;等高线平距的多少,表示该地形缓或陡。疏则缓,密则陡;等高线平距相等,则表示该坡面的角度相同;如果该组等高线平直,则表示该地形是一处平整过的同一坡度的斜坡(图7-3);等高线一般不重叠或相交,在某些垂直于地平面的峭壁、地坎或挡土墙、驳岸处等高线才会交叠在一起;等高线在图纸上不能直接横穿过河谷、堤岸和道路等。由于以上地形单元或构筑物在高程上高出或低陷于周围地面,所以等高线在接近于低于地面的河谷时转向上游延伸,而后穿越河床,再向下游走出河谷;如遇高于地面的堤岸或路堤时,等高线则转向下方,横过堤顶再转向上方而后走向另一侧(图7-4,图7-5)。

绘有地形等高线的图纸,可作为设计等高线进行地形改造或创作的底图。这样在同一张图纸上便可表达原有地形以及设计地形状况、地形范围内的平面布局、各部分的高程关系,大大方便了在设计过程中进行方案的比较与修改,也便于进一步的土方计算工作。为了避免混淆,原地

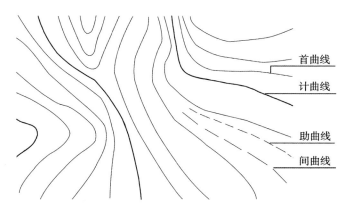

图7-2 首曲线、计曲线、间曲线和助曲线

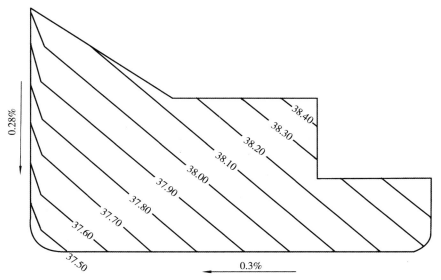

图7-3 某平整场地

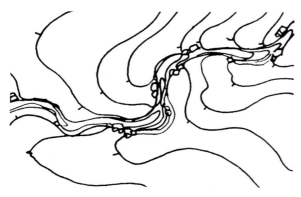

图 7-4 等高线表现山涧

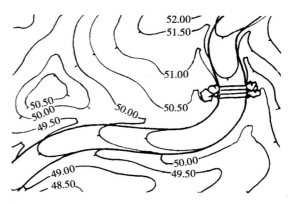

图 7-5 以等高线表现山道

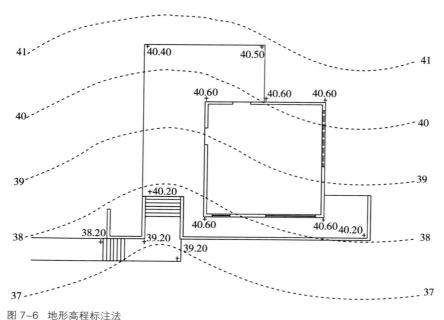

图 7-6 地形高程标注法

形等高线用虚线,设计等高线用实线。

(2)高程标注法

对于地形图中某些特殊的地形点,用十字或圆点作以标记,并在标记旁注上该点到参照面的高程,这些点常处于等高线之间,高程注写到小数点后第二位,这种地形表示法称为高程标注法。高程标注法适用于标注建筑物的转角、墙体和坡面的顶面、底面以及变坡处高程、地形图中最高和最低等特殊点的高程。适用于场地设计、场地平整等施工图中(图 7-6)。

7.1.2 地形剖面图的作法

一张完整的地形剖面图一般是由地形剖断线和地形轮廓线组成的。下面分别介绍地形剖断线和地形轮廓线的作法。

(1)地形剖断线的作法

首先,在地形平面图上确定剖切位置和剖视方向,确定剖切位置线与各条等高线的交点,在绘图纸上按比例绘出间距等于等高距的平行线组,然后,借助丁字尺和三角板作出等高线与剖切位置线的交点在平行线组中相应高程上的交点 1,2,3,…,9,最后将这些点连接成光滑的曲线,并加粗加深,即得到地形剖断线(图7-7)。

(2)地形轮廓线的作法

在地形剖面图中除需表示地形剖切位置的地形剖断线外,有时还需表示地形剖视方向上没有剖切到但又可见的内容,这部分内容可用地形轮廓线表示(图7-8)。

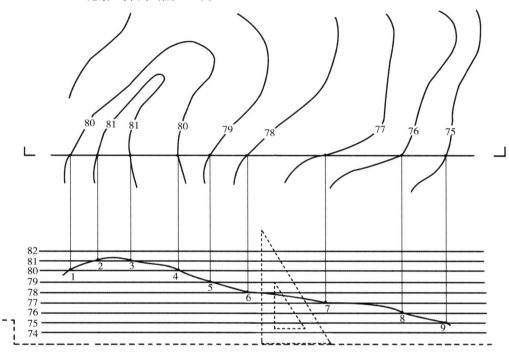

图 7-7　地形剖断线的作法

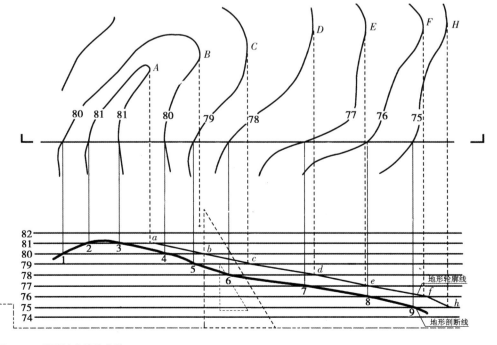

图 7-8　地形轮廓线的作法

在绘图纸上按比例绘出间距等于等高距的平行线组,作出垂直于剖切位置线的各条等高线的切线(图中虚线所示),将各切线延长与平行线组中相应高程的平行线相交,得交点 $a,b,c,\cdots,h$,将交点连接成光滑的曲线,即为地形轮廓线。将剖视方向上所有的树木、建筑及构筑物等垂直物体按其所在平面位置和所处高度定到地面上,作出其立面轮廓,并根据前挡后的原则,擦除被挡的图线,描绘出留下的图线,由此得到一张较为完整的地形轮廓线。

由于地形轮廓线的剖面图作法较复杂,在平地或地形较平缓的情况下可以不作地形轮廓线,当地形较复杂时应作地形轮廓线。

7.2 植物的表示法

植物是外部环境重要的构成要素之一。适合外环境种植的植物品种繁多,一般可分为乔木、灌木、地被植物和草地四大类。植物的种类众多,形态各异,平面图无法详尽的表达。设计师一般根据植物的基本特征,抽象其本质,按行业中"约定俗成"的图例来表现。

7.2.1 树木表示法

(1)树木的平面表示法

在平面设计图上,用大小不同的点表现树干的位置与粗细,用圆圈表示树冠的形状和大小。树冠的大小根据树龄按比例画出。一般来说,树木平面直径应与该树木通常成年的冠径基本吻合。成龄树冠的大小如表7-1所示。

表 7-1 成龄树冠冠径一览表　　　　单位:m

树　种	孤植树	高大乔木	中小乔木	常绿乔木	绿　　篱
冠径	10~15	5~10	3~7	4~8	单行宽度 0.5~1.0 双行宽度 1.0~1.5

尽管树木的种类可用名录进行详细地说明,但是为了更加形象直观并增强图面效果,设计师常常用不同的树冠线型来表示不同类别的

树干的位置及粗细

树冠的大小

45°斜线表示常绿植物

图 7-9　针叶树的平面画法

树木。

树木可分为针叶树和阔叶树两大类。针叶树的树冠以针刺状的波纹表示,若为常绿针叶树,则在树冠内加上 45°平行的等距斜线(图 7-9);阔叶树的树冠一般以圆弧状波纹表示,常绿阔叶树以树冠内加上平行的斜线,落叶树则以树枝形状来表现(图 7-10)。图 7-11 所示为常见的树木绘图程序。

由于树木品种繁多,往往在一张设计图中可用到几十种甚至上百种不同的植物种类,故虽按针叶、阔叶两大类划分进行设计表达,但目前在行业内并无严格的规范,设计师可根据实际图面需要、按形式美的法则,创造出更多的画法(图 7-12)。当各种表现形式用上不同的色彩时,还可以表达更多的植物品种,具有更强的表现力。

当相同的几株树木相连时,应相互避让,使图面形成整体(图 7-13)。若表现成群树木的平面时,勾勒其树木整体的边缘线即可(图 7-14)。

(2)树冠的避让

为了使图面简洁清楚、重点突出、避免遮挡,在基地现状资料图、详图或施工图中的树木平面可用简单的轮廓线表示,有时甚至只用小圆圈

斜线表示
常绿植物

图 7-10 阔叶树的平面画法

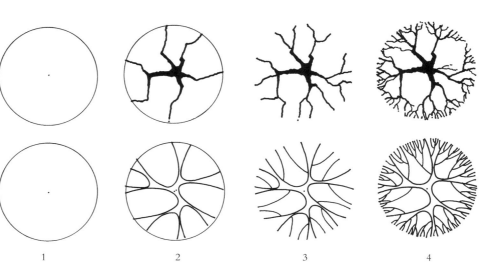

| 1 | 2 | 3 | 4 |

1—先轻轻画出圆,
　并点出圆心;

2—画出树的主干;

3—逐步增加其分枝;

4—遵循从粗到细的原则,
　并强化边缘

图 7-11 树木绘图程序

图 7-12　不同类型树木平面图画法

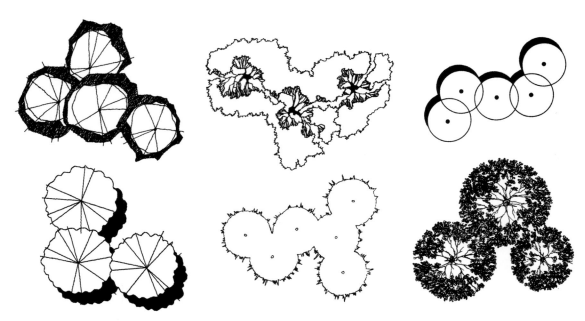

图 7-13　相连树木的组合画法

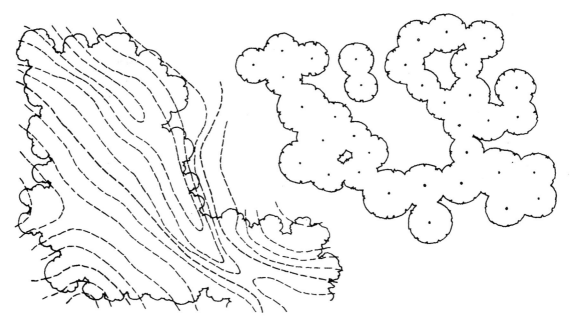

图7-14　成群树木的平面画法

标出树干的位置。在设计图中,当树冠下有道路、花台、花坛、花境或水面、石块和竹丛等较低矮的设计内容时,树木平面也不应过于复杂,要注意避让,不要挡住下面的内容(图7-15(a)、(b))。但是,若只是为了表示整个树木群体的平面布置,则可以不考虑树冠的避让,应以强调树冠平面为主。

(3)树木的阴影表现

树木的阴影表现是增加画面表现效果的重要手段之一。树木的阴影与树冠的形状、光线的角度和地面的条件有关。其绘制步骤为:确定光线的方向,以等圆或树冠基本型作为树的阴影,与树冠的平面图叠加部分不画,其余的阴影涂黑(图7-16)。

(4)树木的立面表示法

树木的立面表现主要取决于树冠的轮廓线。我们将树形细部省略、高度概括后归纳为几种几何形体,如:卵圆形、圆柱形、球形、金字塔形、垂枝形、圆锥形、不规则形、瓶形及帚形等。作图时首先确定树木的高宽比例,用铅笔勾画出树的外轮廓和主干、主枝,然后选用合适的线条去体现树冠的质感和体积感(图7-17)。

树木的表现有写实的、图案式的和抽象变形的三种形式。写实表现形式要求在抓住树木轮廓特征的同时,遵循树木生态、动态、生长规律,进行较细致、逼真刻画(图7-18)。图案式的表现形式较重视树木的某些特征,如树形、分枝等,通过适当的取舍、概括,运用线条的疏密组合,突出其图案的效果(图7-19)。抽象变形的表现形式虽然也较程式化,但它将树木的特征加以夸张变形,使画面风格别具一格(图7-20)。图案式和抽象变形这两种表现形式大多用于剖面图配景和以建筑为主体的环境表现中。

（a）

（b）

图 7-15　树冠的避让实例

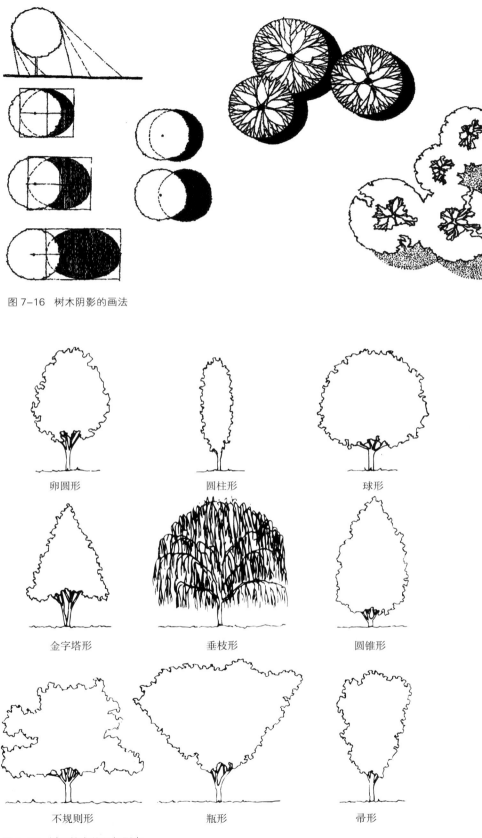

图 7-16 树木阴影的画法

卵圆形 圆柱形 球形

金字塔形 垂枝形 圆锥形

不规则形 瓶形 帚形

图 7-17 树冠轮廓的几何形态

图 7-18　树木的写实表现

图 7-19　树木的图案化表现

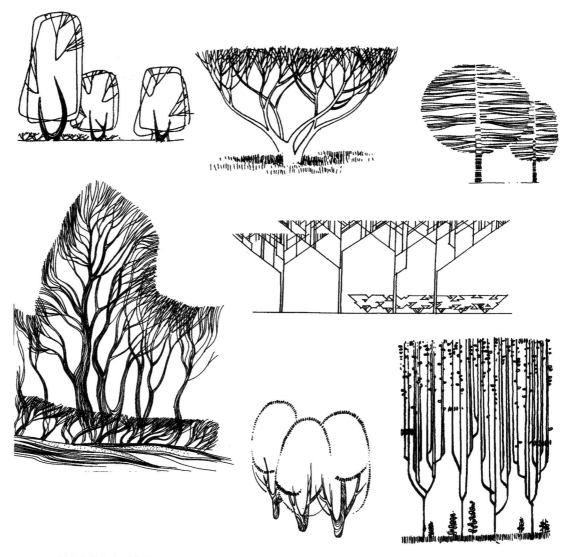

图7-20 树木的抽象变形表现

(5)树木平、立面的统一

无论采取何种形式的表现手法,树木的立面都应与平面保持风格一致,采用相同的表现手法;同时要保证树冠的大小、树干的位置与平面图相一致(图7-21)。

7.2.2 灌木及绿篱表示法

灌木指没有明显的主干、呈丛生状态的树木。单株灌木的平面图表现与乔木相同,但树的结构差异,使它的立面图形画法与乔木有所区别。灌木在室外的种植多以群体的形式出现,众多灌木枝叶的相互穿插,无法采用单株的表现形式来区分各自的形体,因此采用轮廓勾勒的方式则能较好的表示一群不规则形状的灌木平面效果。修剪的灌木和绿篱的平面形式多为规则的形状,轮廓线较为平滑(图7-22,图7-23)。

7.2.3 地被植物与草地、草坪

地被植物宜采用轮廓勾勒的形式。作图时应以地被栽植的范围线为

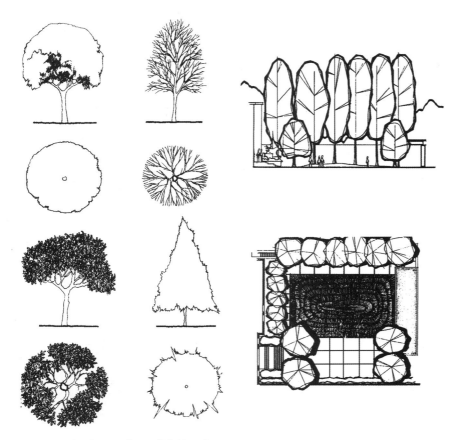

图 7-21　树木平、立面表现风格保持一致

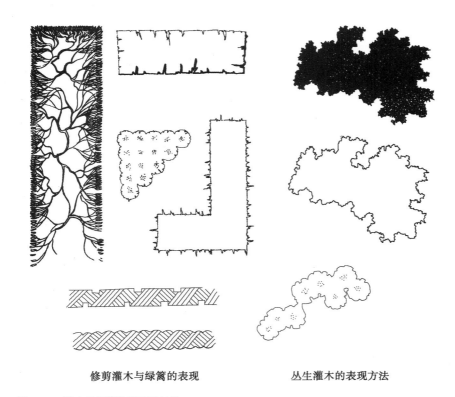

修剪灌木与绿篱的表现　　　　　丛生灌木的表现方法

图 7-22　灌木及绿篱的平面表示法

图 7-23 灌木、绿篱的立面及效果图表示法

依据,用不规则的细线勾勒出地被的范围轮廓。

草坪和草地的表现方法很多,下面介绍几种常用的画法。

(1)打点法

打点法是最常用的表现方法。其特点是疏密相间,整体感强。在打点时应保持点的大小基本一致,点的排列有疏有密。在平面图中,常用草地衬托树木、建筑的轮廓。因此在草地、树冠及建筑物边缘的点可画得密集些,然后逐渐稀疏(图 7-24 (a))。

(2)小短线法

将小短线排列成行,行与行之间的间距相近。小短线排列整齐的可表现草坪,排列不规整的表示草地或管理粗放的草坪(图 7-24 (b))。

(3)线段排列法

线段排列法要求线段排列整齐,行间有断断续续的重叠(图 7-24 (d)),也可稍留空白或行间留白(图 7-24 (c))。另外也可用斜线排列表示草坪,排列方式可规整,也可随意(图 7-24 (g))。

(4)其他表现方法

除上述表示方法外,还可采用乱线法(图 7-24 (e)),或 m 形线条排列法(图 7-24 (f))。

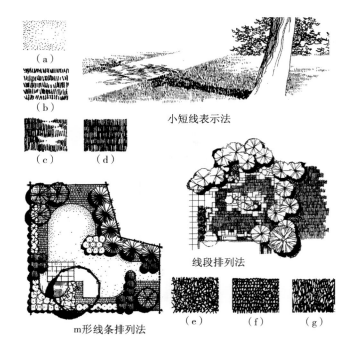

小短线表示法

线段排列法

m形线条排列法

（a）（b）（c）（d）（e）（f）（g）

图 7-24 地被与草地的表示法

7.3 山石的表示法

　　山石的平、立面表现通常采用线条勾画轮廓,较少运用光影、质感的表现方法,以免图面过于零碎。一般用粗实线勾勒山石轮廓,用细实线表现其纹理。

　　现代室外环境中常用的山石主要有湖石、黄石、青石和卵石等类型。不同的山石质地,其纹理不同,表现方法各异。我们在绘制的时候应把握其基本特征加以强调,同样也要注意平、立面的风格一致。如园林中常用的太湖石特点为瘦、皱、漏和透,主要指其石面上有沟、隙、洞和缝,因而玲珑剔透。在刻画时多用曲线体现其柔美多奇(图 7-25 (a));黄石的棱角明显,方正有力,纹理平直,故应多用直线、折线来表现(图 7-25 (b));青石具有片状特点,多用有力的水平线条进行刻画;卵石则圆润无棱,剔透美丽,多群体使用,表现时一般用有规律的曲线(图 7-25 (c));石笋外形修长如竹笋,可用直线或曲线,表现其垂直的纹理(图 7-25 (d))。

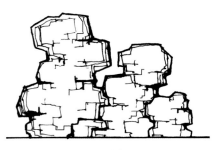

立面图

立面图

平面图

（a）湖石的平、立面图画法

平面图

（b）黄石的平、立面图画法

卵石

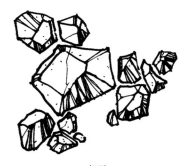

青石

(c) 青石和卵石的平面图画法

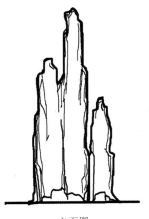

立面图

平面图

(d) 石笋平、立面的画法

图 7-25

7.4 水体的表示法

水体是用于室外环境设计的另一自然设计要素,把握好水的设计表达,将使总体设计更加引人入胜。

水面表示一般采用线条法、等深线法、平涂法和添景物法。前三种为直接的水面表示法,最后一种为间接表示法。这几种表示方法没有优劣之分,看设计者的个人喜好以及根据图面效果选择相应方式。

7.4.1 线条法

用平行排列的线条表示水面的方法称线条法。作图时,可将整个水面全部用线条均匀地布满,也可局部留白,或只局部画些线条,线条绘制时应疏密有致(图 7-26,图 7-27)。

7.4.2 等深线法

在靠近岸线的水面中,依岸线的曲折作两三根曲线,这种类似等高线的闭合曲线称为等深线。通常形状不规则的水面用等深线表达,运用等深线法时要注意河岸线应加粗(图 7-28,图 7-29)。

7.4.3 平涂法

用水彩或墨水平涂来表示水面的方法称平涂法(图 7-30)。平涂时,可先用铅笔作线稿,运用退晕的方法,一层层进行渲染,使离岸远的水面颜色较深;也可不考虑深浅的均匀平涂(图 7-31)。

在室外环境中,水池和喷泉是最常见的人工造景元素。其表现往往采用线条法(图 7-32)。

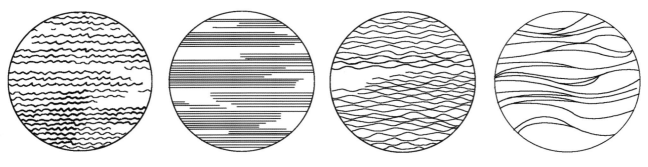

图 7-26　水面的几种线条表示法

（a）

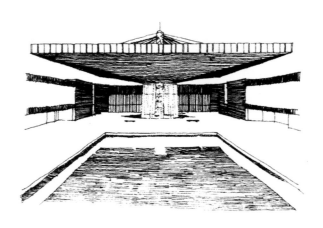

（b）

图 7-27　水面线条的表现

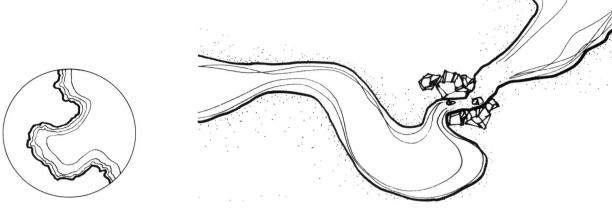

图 7-28　等深线表示法　　　　图 7-29　水面的等深线表现

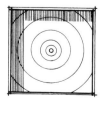

图 7-30　平涂表示法

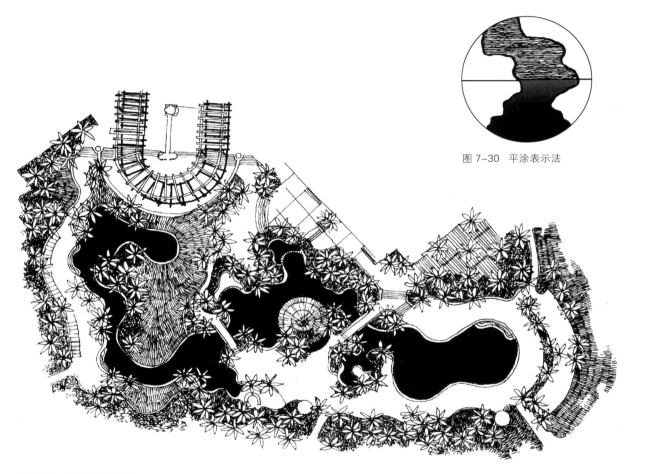

图 7-31　水面平涂的表现

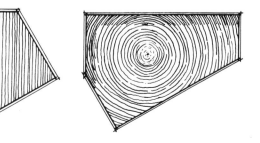

图 7-32　水池和喷泉的平面图表现

7.5 道路的表示法

7.5.1 道路的表示法

室外环境设计中,道路是游人活动的空间,具有交通和景观的作用。道路规划应与地形、水体、植物、建筑物、铺装场地及其他设施合理结合,形成完整的构图、连续展示景观的空间;道路的转折、衔接应通顺合理,符合人的行为规律。因此,此阶段道路的表示以平面图形为主,重点在于路的线型、路宽、形式及路面式样,基本不涉及数据标注。

道路按使用功能可分为主要道路、次要道路、游憩小路和异型路四种类型。

(1)主要道路和次要道路

主要道路和次要道路是通向各个景区主要景点、主要建筑或主要广场及管理区的道路。道路应路面平坦,路线自然流畅。它们的画法较简单,一般用流畅的曲线画出路面的两边线即可,较宽的道路线型相对较粗(图7-33)。

(2)游憩小路

游憩小路是指散步休息、引导游人更深入地到达园林各个角落的园林道路。宽度多为 1.2 ~ 2 m,最小宽度 0.9 m,路面多平坦,也可根据地势的变化有上下起伏。其平面图的画法可用两根细线画出路面宽度或按照路面的材料示意画出(图7-34)。

游憩小路常用的路面铺装材料有各种水泥预制块、方砖、条石、碎石、卵石、瓦片及碎瓷片等,这些材料可单独使用,也可以相互组合形成具有

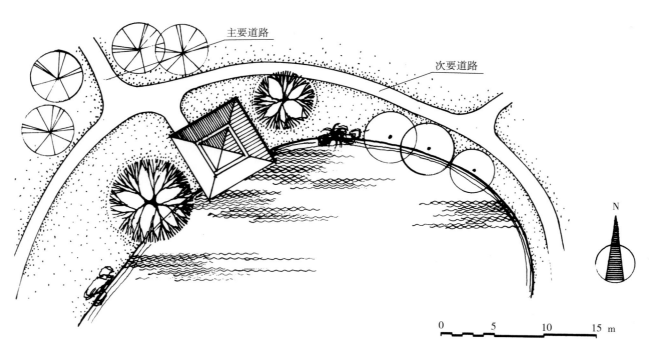

图 7-33 主要道路及次要道路平面图画法

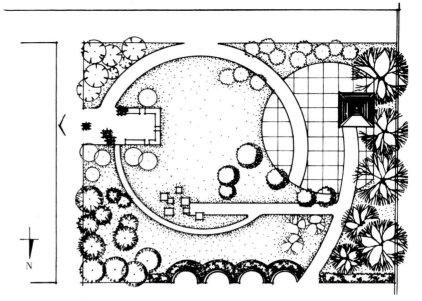

图7-34 各种道路平面图画法

装饰性和艺术性的图案,丰富景观。铺装是指在园林环境中运用自然或人工的铺地材料,按照一定的方式铺设而成的地表形式,是路面的扩大。园林铺装不仅满足人们使用的功能需求,还在景观效果上满足精神需求。它能从色彩、质地、铺设形式等为室外空间提供所要求的情感和个性,从而造就了变化丰富,形式多样的铺装。图7-35为各种铺装道路路面纹样画法举例。

(3)异型路

根据游赏功能的要求,还有很多异型的路,如步石、汀步等。步石是置于地上可供人行走的石块,多在草坪、林间、岸边或庭院等较小的空间使用(图7-36)。汀步是水中步石,点缀在浅水滩地、小溪等处(图7-37)。在平面图中根据步石的大小绘出平面形状即可,应注意表现出一定的规律。如图7-36某庭院环境设计中运用了多种不同形式的步石。

7.5.2　园桥的表示法

园桥是园路的特殊形式,它不仅有联系交通、组织游览的作用,还有分割水面、独立成景的作用;既有园林道路的特征,又有园林建筑的特征。园桥的种类繁多,形式千变万化,下面介绍几种常见的园桥。

(1)平桥

平桥就是贴临水面的平板桥,它与两岸等高,造型小巧简洁(图7-38)。形式有直线形和曲折形。曲折形的平桥又称为曲桥,是中国园林所特有。曲折的桥面不但为水面增添了景致,也为游人提供了各种不同角度的观赏点,丰富了园林景观(图7-39)。 园林中的曲桥的曲折数一般为单数。不管为三折、五折还是七折、九折都通称为九曲桥。

(2)拱桥

拱桥就是有较大起伏、桥中带孔的景观桥;其中间高、两端低,可拾级而上、临水扶栏眺望风景;跨度较大时,桥下可通船。拱桥造型别致,曲

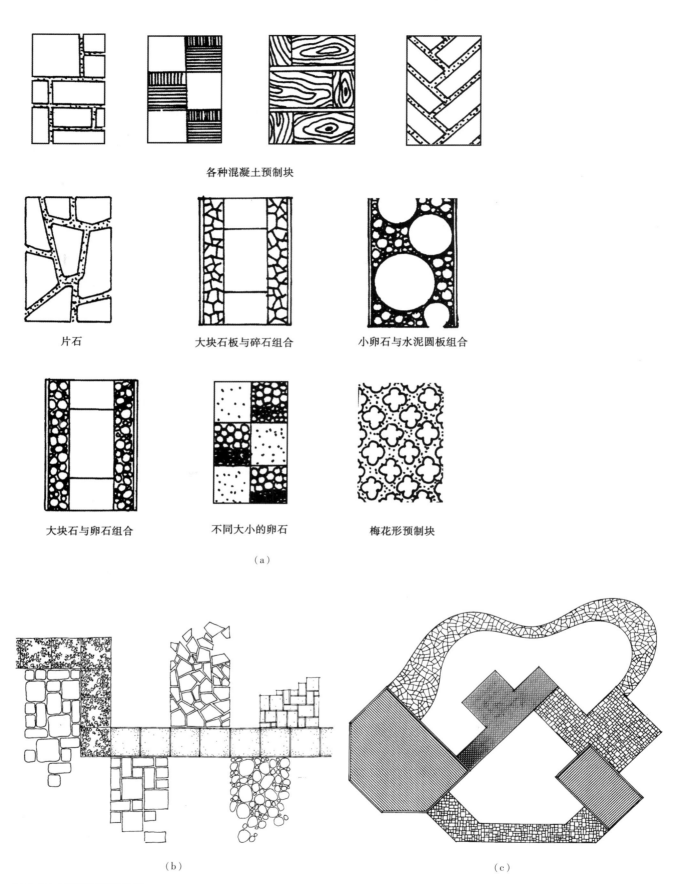

各种混凝土预制块

片石　　　　　　大块石板与碎石组合　　　　小卵石与水泥圆板组合

大块石与卵石组合　　　　不同大小的卵石　　　　梅花形预制块

（a）

（b）　　　　　　　　　　　　　　　（c）

图 7-35　园林道路铺装纹样

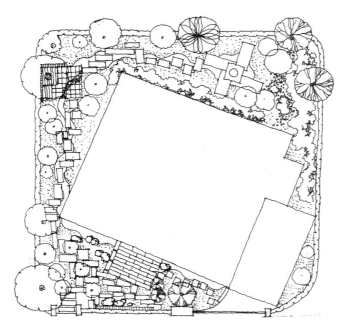

图 7-36 步石画法

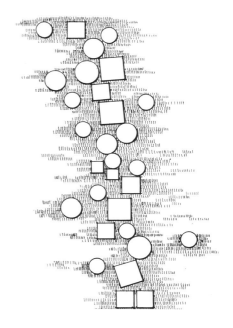

图 7-37 汀步画法

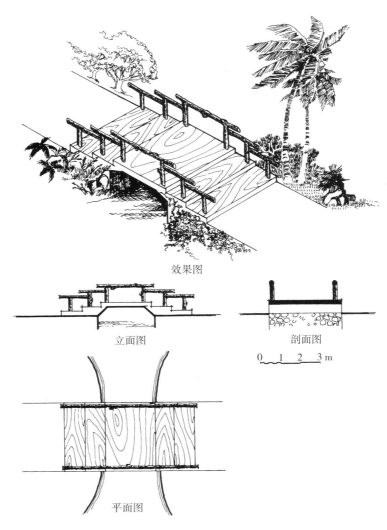

效果图

立面图

剖面图

0 1 2 3 m

平面图

图 7-38 平桥画法

线圆润,富有动态感,立面效果较丰富(图7-40)。

(3)亭桥、廊桥

加建亭廊的桥,称为亭桥或廊桥,可供游人遮阳避雨,又增加桥的形体变化(图7-41)。

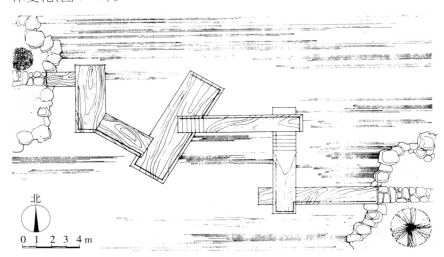

图7-39　曲桥画法

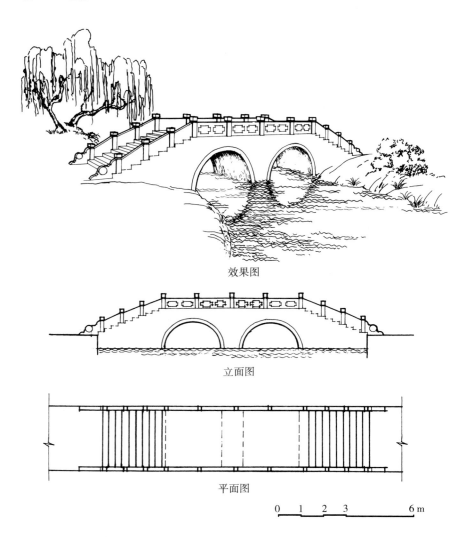

效果图

立面图

平面图

图7-40　拱桥画法

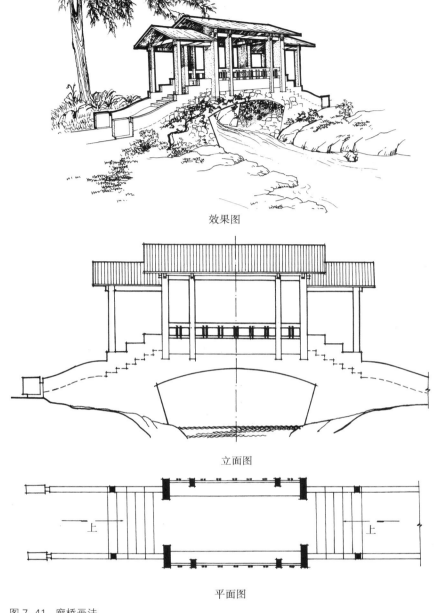

效果图

立面图

平面图

图 7-41　廊桥画法

7.6　室外环境工程图的绘制

室外环境工程图是在掌握了相关的设计原理、艺术理论及制图基本知识的基础上所绘制的专业图纸。本节介绍室外环境工程平面图、立面图、剖面图的绘制，并附有代表性的图纸供识读参考。

7.6.1　室外环境设计平面图

室外环境设计平面图是表现设计范围内的各要素(地形、植物、水体、山石、建筑等)布局位置的水平投影图。平面图能表示整个设计的布局和结构，景观和空间构成以及诸设计要素之间的关系，也是绘制其他专项设计图纸(地形设计图、种植设计图等)及施工、管理的主要依据。因此，室外环境设计平面图是室外环境设计中最重要的图纸。

(1)绘制方法与要求

①绘制相关要素

地形：地形的高低变化及其分布情况通常用等高线表示。原地形等高线用细虚线绘制，设计等高线用细实线绘制，设计平面图中等高线可以不注高程。

植物：由于植物种类繁多，姿态各异，平面图中无法详尽表达，一般采用图例作概括地表示。所绘图例应区分出针叶树和阔叶树，常绿树和落叶树，乔木、灌木、绿篱、花卉和草坪等植物。其中，常绿树应在图例中绘出间距相等的细斜线。绘制植物图例时，要注意曲线过渡自然，图形应形象、概括；树冠要按成龄以后的树冠大小画。

山石：山石均采用其水平投影轮廓线概括表示，以粗实线绘出边缘轮廓，以细实线概括绘出纹理。

水体：水体可用等深线法表示，一般绘三四条线，外面一条表示水体边界线(即驳岸线)，用粗实线绘制；里面二条或三条表示水面，用细实线绘制。

建筑：在室外环境设计图中，建筑可用水平剖面图表示(即建筑平面图)或屋顶平面图表示。这两种形式体现设计者的不同的表达重点：在以建筑为主体的环境中或设计师想表达建筑内部空间布局时多采用水平剖面图。其画法为：用粗实线画出剖切到的实体部分(墙、柱等)，用中实线画出其他可见部分轮廓线(图7-42)。在公园、广场等大环境空间中或设计师想表达建筑与环境关系中多采用屋顶平面图。其画法为：用粗实线画出外轮廓，细实线画出屋面(图7-43)。花坛、花架等建筑小品用细

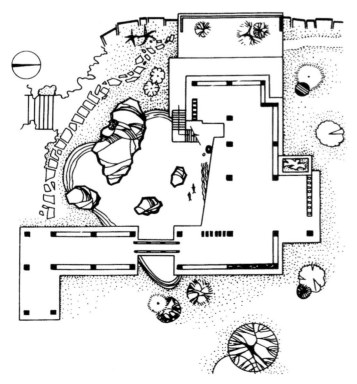

图7-42 某园林建筑平面图

实线绘制。

园路及场地：用细实线画出路边线、场地的分划线，对铺装路面及场地可按设计图案简略绘出。

②标注尺寸或坐标网定位

设计平面图中定位方式有两种：一是用尺寸标注的方法，以图中某一原有景物为参照物，标注新设计主要内容与原景物之间的相互尺寸，从而确定它们的相对位置；另一种是采用直角坐标网定位，有建筑坐标网及测量坐标网两种形式。建筑坐标网以某一点为零点，并以水平方向为 B 轴，垂直方向为 A 轴，按一定距离绘制出方格网。测量坐标网是根据测量基准点的坐标来确定方格网的坐标，以水平方向为 Y 轴，垂直方向为 X 轴，按一定距离绘制出方格网。坐标网均用细实线绘制。

③绘制比例、指北针及风玫瑰等符号

室外环境设计平面图中宜采用线段比例尺。风玫瑰图是表示该地区风向情况的示意图（图 7-44），它分 16 个方向，根据该地区多年统计的各个方向风吹次数的平均百分数绘制的，粗实线表示全年风频情况，虚线表示夏季风频情况。风的方向从外吹向所在地区中心，最长线段表示当地主导风向。指北针常与其合画一起，用箭头方向表示北向。

④编制图例表

图中所用图例，应予以编号，在图上适当位置编制图例表说明含义，如主要建筑、小品、景点等。

⑤编写设计说明

设计说明是用文字来进一步表达设计思想及艺术效果的，或者作为

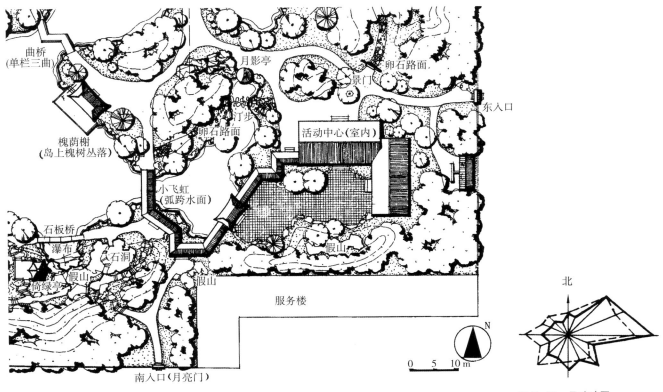

图 7-43　某庭园景观局部平面图

图 7-44　风玫瑰图

图纸内容的补充，对于图中需强调的部分或未尽事宜也可用文字说明。

如影响设计而图中却没有反映出来的因素,地下水位、土壤状况、地理、人文情况等。

⑥其他

注写图名、标题栏等。

平面图的绘制应注意图面的整体效果,主次分明,避免杂乱无章。

（2）参考实例

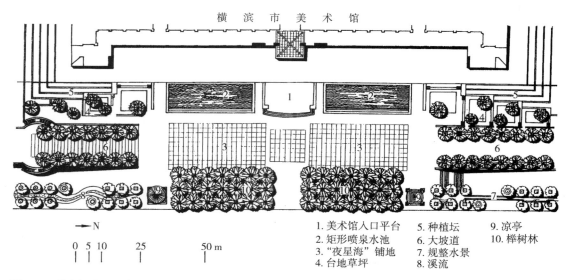

1. 美术馆入口平台　　5. 种植坛　　　9. 凉亭
2. 矩形喷泉水池　　　6. 大坡道　　　10. 榉树林
3. "夜星海"铺地　　　7. 规整水景
4. 台地草坪　　　　　8. 溪流

图 7-45　某广场景观设计平面图

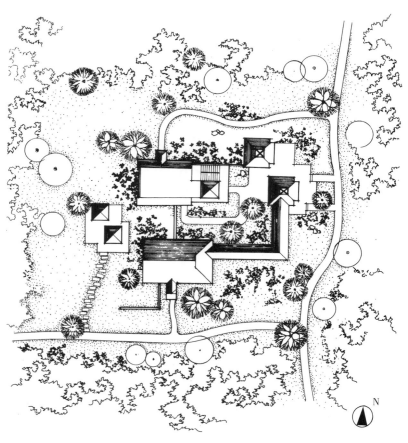

图 7-46　某公园局部平面图

7.6.2　室外环境设计立面图

立面图是基地范围内的所有设计元素在某个方向的垂直面上的正投影所形成的视图。如同建筑的立面图一样,可根据需要选择多个方向的立面图绘制。立面图中也有一条地坪线,但并不反映园景范围内的地形情况。景观立面图主要表达各元素宽度、高度、造型及其与水平形状之间的对应关系。

(1)绘制方法与要求

①绘制地坪线。可能因地形的变化导致地坪线不是水平的。涉及到水体时,应画出其水位线。

②根据立面图与平面图的对应关系,确定各设计元素在立面图中的位置。

③确定各设计元素的宽度、高度。

④根据设计意图描绘各设计元素的细部造型。按照前挡后的原则,擦去被遮挡部分。

⑤加深地坪线,建筑物或构筑物轮廓线次之,其余最细。

⑥绘制比例、注写图名、标题栏等,对于主要建筑物或构筑物及地形显著变化处应注写标高。

(2)参考实例

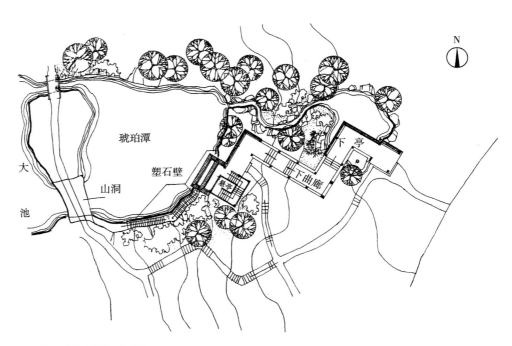

(a)某公园悬亭景点平面图

（b）某公园悬亭景点立面图

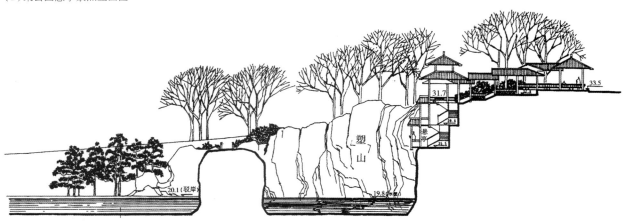

（c）某公园悬亭景点剖面图

图 7-47　某公园悬亭景点平、立、剖面图

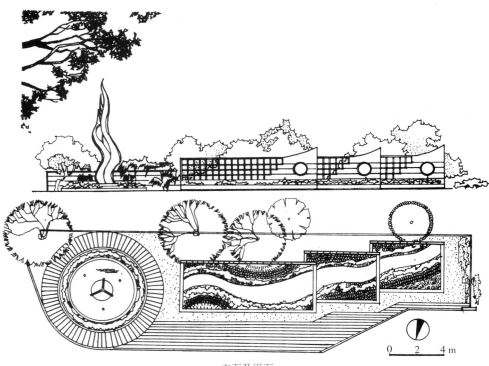

立面及平面

图 7-48　某公园小品平、立面图

7.6.3 室外环境设计剖面图

剖面图是指某园景被一假想的垂直面在某位置剖切后,沿某一剖视方向作正投影所得到的视图,因此,剖切位置必定处在园景图之中,通常需要在设计平面图中绘出剖切符号,标明剖切位置与剖视方向。

剖面图显示内容为被剖切的各元素表面轮廓线,以及在剖视方向上剖切位置线前的所有元素(绘图者可自行决定哪些元素要表现出来)。因此,景观剖面图中会有一条明显的地形剖断线,主要表达基地范围内地形的起伏、标高的变化、水体宽度和深度以及建筑物或构筑物等的高度、造型。

(1)绘制方法与要求

①确定剖切位置和剖视方向

在设计平面图中绘制剖切符号,确定剖切位置和剖视方向,并编号;也可在剖面图上说明其相对应的平面位置。

②绘制地形剖断线和地形轮廓线

地形剖断线和地形轮廓线绘制方法见本章第1节地形表示法。地形剖断线用粗实线,地形轮廓线用细实线。涉及水体时,应画出其水位线。其中地形轮廓线可根据地形复杂程度,决定是否绘制。

③同一比例绘制所有垂直物体

将处于剖切位置线上的所有被剖切的物体定点到地形剖断线上,并确定其垂直高度;将其他可见物体定点到地形轮廓线上,并确定其垂直高度。确定垂直高度时,可以用与平面图相同的比例,也可放大1.5倍到2倍。

④按照设计思想描绘各垂直物体的剖面或立面

剖面图中,地形剖断线和被剖切到的建筑物的实体部分(墙体、柱子等)用粗实线绘制,其他位于剖切位置线上的和较近的物体会以较深的线条来绘制较多的细部,较远的物体以较细的轮廓线概括绘出。对于剖切到的或需进一步表达的景点、建筑物(或构筑物)等应以较大比例单独绘出平、立、剖面图。图7-47,为单独绘制的某公园悬亭景点的平、立、剖面图。

⑤绘制比例、注写图名、标题栏等

对于主要建筑物或构筑物及地形显著变化处应注写标高。

⑥其他

根据设计内容多少与地形复杂程度,一个设计平面图可绘制几个剖面图,但应注意,剖面图图名及编号应与平面图中剖切符号的编号一一对应。

(2)参考实例

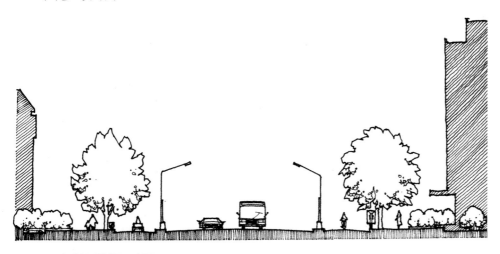

图 7-49 街道景观剖面示意图

（a）广场平面图

（b）广场 A—A 剖面图

图 7-50 某城市广场平面、剖面图

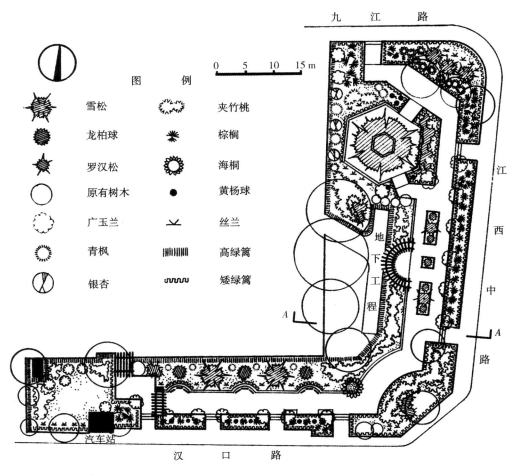

图　例

	雪松		夹竹桃
	龙柏球		棕榈
	罗汉松		海桐
	原有树木		黄杨球
	广玉兰		丝兰
	青枫		高绿篱
	银杏		矮绿篱

（a）小游园平面图

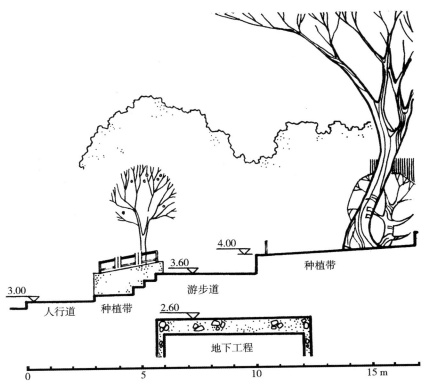

（b）小游园 *A—A* 剖面图

图 7-51　某街头小游园平面图、剖面图

129

本章要点

（1）地形表示法

地形的平面表示主要采用图示和标注的方法。等高线法是地形最基本的图示方法，在此基础上可获得地形的其他直观表示法。地形剖面图的作法常见为地形剖断线和地形轮廓线的作法。

（2）植物的表示法

植物的平面图表示法一般根据植物的基本特征，抽象其本质，按行业中"约定俗成"的图例来表现。参看图7-9和图7-10。在绘图时应考虑树冠的避让，并绘出其阴影。树木的立面表现主要取决于树冠的轮廓线。我们将树形细部省略、高度概括后归纳为几种几何形体，作图时首先确定树木的高宽比例，用铅笔勾画出树的外轮廓和主干、主枝，然后选用合适的线条去体现树冠的质感和体积感。绘制植物时应保证其平、立面统一。

（3）山石的表示法

山石的平、立面表现通常采用线条勾画轮廓，一般用粗实线勾勒山石轮廓，用细实线表现其纹理。

（4）水面表示

一般采用线条法、等深线法、平涂法和添景物法。

（5）道路的表示法

道路的表示以平面图形为主，重点在于路的线型、路宽、形式及路面式样；铺装是一种特殊的道路，应表现其质感与肌理；园桥应了解平桥、拱桥、亭桥和廊桥的画法。

（6）室外环境设计平面图、立面图和剖面图的画法重点

重点在于将植物、水体、山石、建筑各要素按其投影依序逐一绘制，注意其遮挡关系。

思考题

1. 室外环境工程图涉及哪些设计要素？

2. 常用的地形平面表示法有哪些？

3. 等高线的含义是什么？

4. 地形剖断线与地形轮廓线有何区别？分别怎样绘制？

5. 室外环境工程的平面图是怎样形成的？简述其绘制方法与要求。

6. 如何识读风玫瑰图？

7. 室外环境工程的立面图及剖面图是怎样形成的？简述其绘制方法与要求。

8. 抄绘图例。对植物、水体、山石等景观元素进行抄绘，在实践中掌握。

9. 景点测绘。选择校园或公园中包含较多景观元素的场地进行测绘，按1：100的比例完成其平、立、剖面图。

参考文献

[1] W.奥特·克尔默,罗斯玛丽·克尔默.室内施工图及细部详图绘制教程[M].北京:北京机械工业出版社,2004.

[2] 清华大学建筑系制图组.建筑制图与识图[M].2 版.北京:中国建筑工业出版社,2007.

[3] 宋莲勤.建筑制图与识图[M].北京:清华大学出版社,2005.

[4] 关俊良,胡家宁.室内与环境艺术设计制图[M].2 版.北京:机械工业出版社,2006.

[5] 陆叔华.建筑制图与识图[M].北京:高等教育出版社,1994.

[6] 钟训正,孙锺阳,王文卿.建筑制图[M].南京:东南大学出版社,1994.

[7] 丁源,姚翔翔.装饰制图与识图[M].南京:东南大学出版社,2000.

[8] 殷光宇.透视[M].杭州:中国美术学院出版社,,1999.

[9] John Montague.透视制图基础[M]. 北京:机械工业出版社,2008.

[10] 王晓俊.风景园林设计[M].2 版.南京:江苏科学技术出版社,2001.

[11] 陈星铭.室内装饰识图教材[M].上海:上海科学技术出版社,2004.

[12] 苏丹,宋立民.建筑设计与工程制图[M].武汉:湖北美术出版社,2001.

[13] 孙永青,张云波.快速识读建筑施工图[M].福州:福建科学技术出版社,2004.

[14] 岳晨曦.房屋建筑工程制图与识图速成手册[M].北京:中国水利水电出版社,2002.

[15] 黄水生.室内设计制图习题集[M]. 广州:华南理工大学出版社,2005.

[16] 王强.建筑工程制图与识图习题集[M].北京:机械工业出版社,2005.

[17] 柳惠钏.建筑工程施工图识读[M]. 北京:中国建筑工业出版社,1994.

[18] 窦世强,刘卫国.环境艺术设计制图[M].重庆:重庆大学出版社,2005.

[19] 韩立国,于修国,王湘.制图与识图[M].北京:中国电力出版社,2009.

[20] 诺曼·K.布思.风景园林设计要素[M]. 北京:中国林业出版社,1989.

[21] 中国城市规划设计研究院.中国新园林[M].北京:中国林业出版社,1985.

[22] 钟训正.建筑画环境表现于技法[M].北京:中国建筑工业出版社,1999.

[23] 彭敏,林晓新.实用园林制图[M].广州:华南理工大学出版社,1998.

[24] 谷康.园林制图与识图[M]. 南京:东南大学出版社,2001.

[25] 张浪.图解中国园林建筑艺术[M].合肥:安徽科学技术出版社,1999.

[26] 郑曙旸.景观设计[M].杭州:中国美术学院出版社,2002.

[27] 窦奕.园林小品及园林小建筑[M].合肥:安徽科学技术出版社,2003.

[28] 刘管平.建筑小品实录 3[M].北京:中国建筑工业出版社,1994.

[29] 格兰·W.雷德.景观设计绘图技巧[M].合肥:安徽科学技术出版社,1998.